サーバーレス、
コンテナ、
マイクロサービスで
何ができるのか

AWS

で実現する**モダン
アプリケーション
入門**

落水恭介　吉田慶章 著

技術評論社

はじめに

　みなさんはソフトウェアエンジニアとしてアプリケーション開発の現場で働いていますか。今、開発をしているアプリケーションに何か課題を感じていますか。それとも「技術的に新しい何か」を学ぶことに目を輝かせていますか。

　本書を読まれているということは、本書のタイトルに惹かれたのではないでしょうか。「モダン」という言葉に興味を持たれたのかもしれませんし、逆に「モダン」という言葉に違和感を感じられたのかもしれません。

　本書では「モダンアプリケーション」を取り扱います。モダンアプリケーションとは、アプリケーションの設計、構築、管理を継続的に見直し、常に変化を受け入れ続ける開発戦略のことです。「この技術を使えばモダンである」といった話ではなく、フィードバックループを回し、すばやくユーザーに価値を届けるために、実現したいことから逆算をしてテクノロジーやアーキテクチャを選択することが重要です。そんな「モダンアプリケーション」という言葉に込められた意味をお伝えしたいと思っています。

　さて、近年はデジタルトランスフォーメーション化が急務であると言われるなど、ICT（Information and Communication Technology）を活用したサービス提供が増えています。また、従来のように長期間の開発期間を設けてすべての機能を実装してからリリースをするのではなく、優先順位の高い機能から積極的にリリースし、ユーザーの声に耳を傾けることによりフィードバックループを回す開発戦略を採用する企業も増えています。それに伴って、アプリケーション開発では今まで以上に柔軟性や俊敏性が重視されることから、アプリケーションの基盤としてクラウドを活用する機会も増えているのではないでしょうか。

　クラウドを活用する、と言っても活用方法はさまざまです。従来からよく知られた仮想マシンベースのアーキテクチャもあれば、近年、耳にすることが増えたであろうサーバーレステクノロジーやコンテナテクノロジーを活用したアーキテクチャもあります。そして、アプリケーションの全体最適化を目指すアーキテクチャとして、「モノリシック」と言われるような一枚岩の大きなアプリケーションとして運用する場合もあれば、「マイクロサービス」と言われるような細かなサービスに分割したアプリケーションとして運用する場合もあります。どれを選択すれば良いのでしょうか。どんな観点で選択すれば良いのでしょうか。なんと

なく流行っているから、という理由で選択すれば良いのでしょうか。ソフトウェアエンジニアとして、流行っている技術に興味を持つことは重要ですし、選択したくなる気持ちもわかります（そういうモチベーションで選択することもときには必要かもしれませんね）。

　しかし、明確な理由をもってテクノロジーやアーキテクチャを選択するためには、それぞれの特徴や使い所、メリットやデメリットを理解している必要があります。そのためには、多くのテクノロジーを試し、多くのアーキテクチャを吟味し、技術の進歩へ追従するために学び続ける必要があります。また、モダンアプリケーションを実現するためには、常に変化を受け入れ続けることが重要です。それらのテクノロジーやアーキテクチャによって、どのようにビジネスやアプリケーションの要件を満たすことができるのだろうか、という観点も必要です。前述のサーバーレステクノロジーやコンテナテクノロジー、マイクロサービスアーキテクチャといった要素をただ選択するのではなく、要件にあった適材適所のテクノロジーとアーキテクチャを選択する必要があるからです。

　さて、筆者（落水）は、ソリューションアーキテクトとして、お客様の技術的な課題の解決を支援しています。近年のビジネス状況の変化から、モダンアプリケーションに関する相談は増えてきていますが、前述のようにモダンアプリケーションには多くのトピックが関連しているため、「難しい」という声をよく聞きます。そういったお客様を支援する中で、モダンアプリケーションそのものであったり、マイクロサービスやThe Twelve-Factor Appといった関連するアーキテクチャ・プラクティスについて、情報収集や学習のコストが高いと感じていました。本書を執筆しようと思ったキッカケは、モダンアプリケーションに対する「難しい」という気持ちを取り除き、多くの方にモダンアプリケーションへチャレンジしてもらいたいと考えたからです。

　筆者（吉田）は、シニアテクニカルトレーナーとして、おもに有償トレーニングを通じてお客様の人材育成を担当しています。クラウドを活用したテクノロジーやアーキテクチャを学びたいと思っても、どうやって学べば良いかわからなかったり、独学で学んでみたけどわからないことが多く諦めたりしたという声をお客様からよく聞きます。そういったお客様の「学びたいという気持ち」を支える仕事に携わっています。その中でも、モダンアプリケーションに関連するトピックは、サーバーレステクノロジーやコンテナテクノロジー、マイクロサービスアーキテクチャなど、学ぶべき要素が多いと感じられることから独学では学びにくいのかもしれません。そこで、これらのトピックを効率的に学ぶために有償

トレーニングを受講されるお客様も増えています。本書を執筆しようと思った
キッカケは、有償トレーニング以外でも、モダンアプリケーションに興味を持っ
ているお客様の「学びたいという気持ち」を支えたいと感じたからです。

　ぜひ、本書をきっかけにモダンアプリケーション化の第一歩を踏み出しましょ
う。

本書で取り扱う内容

　前述のとおり、本書ではモダンアプリケーションに関連する代表的なトピック
を取り扱います。そして、以下のような読者を対象としています。なんとなく流
行っているから、という理由でテクノロジーやアーキテクチャを選択するのでは
なく、実現したいことから逆算をして、自信を持ってテクノロジーやアーキテク
チャを選択できるようになることを目的としています。

- モダンアプリケーションに興味がある
- モダンアプリケーション化を検討しているが、どこから始めれば良いのか
  わからない
- 歴史のあるサービスに敬意を払いつつ、課題も多いので改善したい
- とくに理由もなく、なんとなく技術選定が行われている現場に違和感を感
  じる

本書で取り扱わない内容

　一方で、以下のような方は本書の対象読者として想定していません。本書は、
モダンアプリケーション化を検討するための「考え方」を伝えることに比重を置
いているからです。説明のためのサンプルコードや設定例、またそれぞれの
AWSサービスの仕様なども一部載せていますが、詳細には説明していません。
ドキュメントを読んだり、公開されているハンズオンを実施したりすることで、
より学習効果を高められるでしょう。

- 具体的なプログラミング実装を学びたい
- AWSサービスの操作方法を学びたい
- ハンズオン形式で手を動かして学びたい

本書で大切にしていること

本書を執筆するにあたり、筆者陣でとても大切にしていることがあります。

■初学者でも読める「わかりやすさ」を追求すること

まずは、初学者でも読める「わかりやすさ」を追求することです。近年、何か新しいテクノロジーやアーキテクチャを学びたいと思ったときに、書籍やe-Learning、動画、有償トレーニングもありますし、ドキュメントやブログ記事などのインターネットコンテンツ、そしてホワイトペーパーを読んで学ぶこともできます。学ぶためのコンテンツは多くあるため、限られた時間のなかで、コンテンツの取捨選択をする時代であるとも言えます。しかし、コンテンツによっては、読者にある程度の技術的な前提知識を求めることがあり、実際にコンテンツを手にすると「理解できなかった（自分にはまだ早かった）」と感じたこともあるのではないでしょうか。

読者のみなさんが学びながら感じるであろう「なぜ」という疑問を大切にすることで、暗黙的な知識にできる限り依存しないように意識しました。極端な例を挙げます。突然「テクノロジーXを紹介します。次はテクノロジーYを紹介します。」と聞くと唐突に感じますが「現在はAという課題があり、Bという特徴によって課題を解決できるため、テクノロジーXを紹介します。」と聞くと、スッキリと理解できるのではないでしょうか。ほかにも、比喩表現を活用したり、図表を多く載せる工夫もしています。もし本書を読んで「わかりにくい」と感じられた場合はきっと筆者陣の問題です。ぜひ改善のためにフィードバックをお待ちしています。

■具体的なシナリオに沿って読み進められるようにすること

モダンアプリケーションの中には、多くのプラクティスやパターンが存在します。プラクティスやパターンは、抽象度を高め、適用の幅を広げながら一般化したものであるため、読者のみなさんによってはわかりにくく感じられることがあるはずです。そういった抽象度の高い内容を説明するときに有効なのは、具体的な例を挙げることです。

本書では、架空の企業とその企業が開発・運用をするアプリケーションという具体的なシナリオを使って解説をすることで、読者のみなさんがイメージをしながら読み進められるようにしています。当然ながら、読者のみなさんが仕事など

で開発・運用をするアプリケーションとは規模やフェーズも異なるでしょう。適宜読み替えて読み進めるのも良いでしょう。

■アクティビティを通して考える余白を作ること

　本書では、プラクティスやパターンを通じて、こうしたら課題を解決できる、という「考え方」に比重を置いて解説しています。テクノロジーやアーキテクチャの技術選定に限った話ではありませんが、当然ながら決まった答えが「1つ」あるわけではありません。ほかにも選択肢はあるでしょうし、市場やアプリケーションの規模、または企業の技術戦略によっても選択肢は変わります。さらに、その時点では良い選択肢だったものが、数ヵ月後には課題を抱えてしまう可能性すらあります。本書では「アクティビティ」という「読者のみなさんだったらどう考えますか」という考えながら読めるしかけを各章に散りばめています。本書で紹介していない選択肢を考えてみるのも良いでしょうし、チームでアクティビティをテーマにディスカッションをしてみるのも良いでしょう。本書をきっかけに考え続けてほしいと考えています。

本書の構成

　本書の章立ては以下のような構成になっています。単独で読むこともできますが、第1章から第8章まで、シナリオとしてつながっています。順番に読むことをおすすめします。

- 第1章：モダンアプリケーションとは何か
- 第2章：サンプルアプリケーションの紹介
- 第3章：アプリケーション開発におけるベストプラクティスを適用
- 第4章：データの取得による状況の可視化
- 第5章：サーバーレスやコンテナテクノロジーによる運用改善
- 第6章：CI/CDパイプラインによるデリバリーの自動化
- 第7章：要件にあったデータベースの選択
- 第8章：モダンアプリケーションパターンの適用によるアーキテクチャの最適化

　第1章では、イノベーションが求められる現代におけるモダンアプリケーションの必要性を紹介します。さらに、モダンアプリケーション化のメリットやモダ

ンアプリケーション化に必要なベストプラクティスを紹介します。

　第2章では、本書で取り扱う具体的なシナリオとして、架空の企業Sample Companyとその企業が開発・運用をするアプリケーションSample Book Storeを紹介します。どのような企業が、どのような課題を抱えてモダンアプリケーション化を目指すのか、できる限り具体的にまとめています。

　第3章では、モダンアプリケーション化に着手する前の準備として、アプリケーション開発におけるベストプラクティスであるThe Twelve-Factor AppとBeyond the Twelve-Factor Appを活用し、アプリケーションの見直しを行う方法を紹介します。これまで十分に価値を生んできたアプリケーションを、最初から抜本的に変える必要はなく、歩幅を小さく一歩一歩改善できることを紹介します。

　第4章では、データを取得することの必要性を紹介します。ビジネスデータ、運用データ、そしてシステムデータなど企業やアプリケーションに関連するさまざまなデータを取得し可視化することで、モダンアプリケーション化に限らずより良い判断ができるようになります。

　第5章では、では、サーバーレステクノロジーやコンテナテクノロジーを活用することで得られるメリットを紹介します。また、サーバーレスワークロードとコンテナワークロードの比較も紹介します。具体的なシナリオに当てはめて、なぜサーバーレステクノロジーやコンテナテクノロジーを選択するのかをまとめています。

　第6章では、アプリケーションを継続的にリリースするための考え方として、継続的インテグレーションと継続的デリバリーとは何かを紹介します。そして、それらを自動化するために、CI/CDパイプラインに求める機能や要件を整理しつつ、構成例を紹介します。

　第7章では、データベースに焦点を当て、要件にあった適材適所のデータベースを選択する方法を紹介します。そして、データベースに求める機能や要件を整理しつつ、具体的なシナリオに当てはめて、構成例を紹介します。

　第8章では、アプリケーションをより開発しやすく、運用しやすく、拡張しやすくするための最適化としてモダンアプリケーションパターンを紹介します。アーキテクチャを設計したり、アプリケーションを実装したりするときには何かしらの課題を抱えたり、満たすべき複数の要件がトレードオフの関係になったりすることもあります。そういった、起きうる課題とその解決策になるパターンを、具体的なシナリオに当てはめて紹介します。

謝辞

本書の執筆は、多くの方々の協力なしでは成し遂げられませんでした。

本書の技術的内容は、弊社のエキスパートに多大なるフィードバックをいただくことで、飛躍的に読みごたえのある一冊になりました。荒木靖宏さんには、モダンアプリケーションという思想を広い視野からとらえたフィードバックをいただきました。そして、書籍執筆のご経験から、細かな文章の改善にも貢献いただきました。大村幸敬さんには、アプリケーションの運用をより良くするためにご自身の豊富な経験からフィードバックをいただきました。金森政雄さんには、デベロッパーの視点で読みやすくするフィードバックをいただきました。さらに、モダンアプリケーション化の必要性などのコラム執筆も担当していただきました。下川賢介さんには、イベント駆動などアプリケーションを設計するうえで広い視点からフィードバックをいただきました。野邉哲男さんには、テクニカルトレーナーという目線から、読者にとって読みにくさを感じる箇所にフィードバックをいただきました。林政利さんには、ブランチ戦略の考え方など開発手法への深い知見からフィードバックをいただきました。さらに、トランクベース開発などのコラム執筆も担当していただきました。福井厚さんには、マイクロサービスをはじめとしたアーキテクチャに対する卓越した知識から本書の技術的な正しさを追求するフィードバックをいただきました。

そして、本書の企画段階からご担当いただいた技術評論社の小竹香里さんには、出版に至るまでのすべてのプロセスをサポートをしていただきました。うまく企画がまとまらなかったり、予定どおり執筆が進まず何度もスケジュールの見直しをしたり、数え切れないほどのご迷惑をおかけしましたが、いつも背中を押していただきました。ありがとうございました。

目次

はじめに ……………………………………………………………………………………… iii

第 1 章 モダンアプリケーションとは何か 1

1.1 求められるイノベーション …………………………………………… 2
   1.1.1 イノベーションフライホイール ………………………………… 2
   1.1.2 MVP（Minimum Viable Product） ……………………………… 3
1.2 モダンアプリケーションのメリット …………………………… 4
   1.2.1 市場投入を加速 …………………………………………………… 4
   1.2.2 イノベーションの促進 …………………………………………… 5
   1.2.3 TCOの改善 ………………………………………………………… 5
   1.2.4 信頼性の向上 ……………………………………………………… 5
   1.2.5 ワークロードに適したテクノロジーやツールの選択 ………… 5
1.3 モダンアプリケーションのベストプラクティス …………… 6
   1.3.1 モニタリング ……………………………………………………… 6
   1.3.2 サーバーレステクノロジー ……………………………………… 6
   1.3.3 リリースパイプラインの構築 …………………………………… 7
   1.3.4 モジュラーアーキテクチャ ……………………………………… 7
1.4 まとめ ……………………………………………………………………… 8
   column 「モダンアプリケーション」という言葉の違和感 ……………… 9

第 2 章 サンプルアプリケーションの紹介 11

2.1 シナリオの検討 ………………………………………………………… 12
   アクティビティ アクティビティとは何か …………………………………… 12
2.2 現在のアプリケーションの仕様 …………………………………… 13
2.3 Sample Book Storeのモダンアプリケーション化 ……… 17
2.4 まとめ ……………………………………………………………………… 18

第 3 章 アプリケーション開発における ベストプラクティスを適用 19

3.1	The Twelve-Factor App	20
3.2	Beyond the Twelve-Factor App	21
3.3	プラクティスの紹介	22
	3.3.1 コードベース	22
	column Monorepo	24
	3.3.2 依存関係	25
	3.3.3 設定	27
	アクティビティ 設定として何を外部化するか	30
	アクティビティ 設定の外部化をどのように取り入れるか	32
	3.3.4 バックエンドサービス	32
	3.3.5 APIファースト	34
3.4	まとめ	36

第 4 章 データの取得による状況の可視化 37

4.1	ビジネスデータ	39
	アクティビティ データの取得・活用方法	41
4.2	運用データ	41
4.3	システムデータ	42
	アクティビティ ビューとして活用するツールの選定基準	44
4.4	オブザーバビリティ（可観測性）	45
	column モニタリングとオブザーバビリティ	46
4.5	まとめ	47

第5章 サーバーレスや コンテナテクノロジーによる運用改善　49

5.1 サーバーレステクノロジーを使う価値 ················ 50
　5.1.1 サーバー管理なし ································ 51
　5.1.2 柔軟なスケーリング ····························· 51
　5.1.3 価値に見合った支払い ·························· 51
　5.1.4 自動化された高可用性 ·························· 51
　column サーバーレスの定義 ························· 52
5.2 AWSでのサーバーレス ···························· 52
5.3 サーバーレスとコンテナのワークロード比較 ········· 53
　column モダンアプリケーションはサーバーレスやコンテナだけではない ··· 56
5.4 シナリオによるサーバーレスワークロードの構成例 ···· 57
　5.4.1 大規模リクエストに対応できるか ················ 58
　5.4.2 アプリケーションのエラーに対応できるか ········· 59
　5.4.3 冪等性の考慮ができるか ······················ 61
　5.4.4 モニタリングできるか ························· 62
　5.4.5 拡張性はあるか ······························ 63
5.5 シナリオによるコンテナワークロードの構成例 ········ 64
　5.5.1 大規模リクエストに対応できるか ················ 66
　5.5.2 アプリケーションのエラーに対応できるか ········· 66
　5.5.3 冪等性の考慮ができるか ······················ 66
　5.5.4 モニタリングできるか ························· 67
　5.5.5 拡張性はあるか ······························ 68
　アクティビティ Amazon ECS と Amazon EKS の使い分け ······ 68
5.6 まとめ ··· 69

第6章 CI/CDパイプラインによる デリバリーの自動化   71

6.1 継続的インテグレーションと継続的デリバリー（CI/CD） … 72
column ブランチ戦略 ·· 74
アクティビティ どのようなブランチ戦略を採用するか ··············· 76

6.2 パイプライン・ファーストという考え方 ······················ 76
アクティビティ 「パイプライン・ファースト」という考え方 ··············· 78

6.3 CI/CDツールに求める機能と要件 ····························· 79
6.3.1 継続的インテグレーション（CI）に必要な機能 ·············· 79
6.3.2 継続的デリバリー（CD）に必要な機能 ····················· 79

6.4 シナリオによるCI/CDの構成例 ······························ 82
6.4.1 サーバーレスワークロードのCI/CDパイプライン ·········· 83
column GitHub ActionsからIAMロールを利用する ·············· 90
6.4.2 コンテナワークロードのCI/CDパイプライン ·············· 91
アクティビティ CI/CDパイプラインを構築する ························· 97

6.5 CI/CDパイプラインのさらなる活用 ························· 98

6.6 まとめ ··· 100

第7章 要件にあったデータベースの選択   101

7.1 データベースに求める機能と要件 ···························· 102
7.1.1 データ量 ··· 102
7.1.2 データ増減パターン ··· 102
7.1.3 保持期間 ··· 103
7.1.4 アクセスパターン ··· 103
7.1.5 形式 ··· 103

7.2 Purpose-built databaseとは何か ························· 104

7.3　シナリオによるデータベースの選択 ················· 105

7.3.1　書籍データ ··· 105

column　Evictions ··· 108

7.3.2　お気に入りデータ ··· 109

7.4　まとめ ·· 113

第**8**章　モダンアプリケーションパターンの
適用によるアーキテクチャの最適化　　115

8.1　パターンとは ·· 116

8.1.1　AWSにおけるモダンアプリケーションパターン ······· 116

8.1.2　パターンを適用したSample Book Store ············· 117

アクティビティ　APIとバックエンドのアーキテクチャを構成する ············· 120

**8.2　シングルページアプリケーション
（SPA：Single Page Application）** ············· 121

8.3　API Gateway：API呼び出しの複雑性を集約する ········· 123

8.3.1　API Gateway：クライアントに対する単一のエンドポイント ··· 124

8.3.2　BFF（Backends for Frontends）：
クライアントごとに異なるエンドポイント ··············· 125

**8.4　メッセージング：
サービス間の非同期コラボレーションの促進** ·········126

8.4.1　キューモデル ·· 129

8.4.2　パブサブモデル ··· 131

8.4.3　キューモデルとパブサブモデルを組み合わせる ·········· 132

8.5　Saga：サービスにまたがったデータ整合性の維持 ·········· 133

8.5.1　Saga（コレオグラフィ） ································· 135

8.5.2　Saga（オーケストレーション） ························· 136

8.6　CQRS：データの登録と参照の分離 ···················· 139

8.6.1　購入履歴データ ··· 139

8.6.2 CQRS ………………………………………………………… 142

8.6.3 CQRS実現例 ……………………………………………… 143

8.6.4 Sample Book Storeへの適用 …………………………… 145

8.7 イベントソーシング：イベントの永続化 …………………… 145

8.7.1 イベントソーシング …………………………………… 145

8.7.2 イベントソーシング実現例：Amazon DynamoDB ……… 146

8.7.3 イベントソーシング実現例：Amazon EventBridge ……… 147

8.8 サーキットブレーカー：
障害発生時のサービスの安全な切り離し …………………… 148

8.8.1 あるサービスの障害が全体に影響 …………………… 149

8.8.2 サーキットブレーカー ………………………………… 150

8.9 サービスディスカバリ：サービスを見つける …………… 153

8.9.1 「見つける」とは ……………………………………… 153

8.9.2 サービスディスカバリ ………………………………… 155

8.9.3 AWS Cloud Map ……………………………………… 156

8.9.4 Amazon ECSサービスディスカバリ ………………… 158

アクティビティ 負荷分散の仕組みを構築するには ………………… 159

8.10 サービスメッシュ：大規模サービス間通信の管理 ……… 160

8.10.1 ネットワークは信頼できない ………………………… 160

8.10.2 共通ライブラリ ……………………………………… 161

8.10.3 サービスメッシュ …………………………………… 162

8.10.4 AWS App Mesh ……………………………………… 163

アクティビティ サービスメッシュ導入で何を解決するか ………… 166

8.11 フィーチャーフラグ：新機能の積極的なローンチ ……… 167

8.11.1 フィーチャーブランチとは …………………………… 167

column トランクベース開発 ……………………………………… 169

8.11.2 フィーチャーフラグとは ……………………………… 173

8.11.3 Sample Book Storeへの適用 ………………………… 174

8.11.4 フィーチャーフラグの実装 …………………………… 175

8.11.5 フィーチャーフラグと設定の外部化 ………………… 177

8.11.6　フィーチャーフラグの管理をサービスに任せる ·················· 178

8.11.7　フィーチャーフラグのタイプ ·· 180

8.11.8　それ以外の方法 ··· 180

8.12　分散トレーシング：
　　　サービスを横断するリクエストの追跡 ································· 181

8.12.1　トレースデータとAWS X-Ray ·· 181

8.12.2　トレースデータと
　　　　AWS Distro for OpenTelemetry（ADOT） ························· 184

8.12.3　サービスメッシュとの連携 ··· 185

8.13　まとめ ·· 186

おわりに ··· 188

索引 ·· 191

第1章

モダンアプリケーション
とは何か

1.1	求められるイノベーション
1.2	モダンアプリケーションのメリット
1.3	モダンアプリケーションのベストプラクティス
1.4	まとめ

近年、どのような業界でも企業にはイノベーションを促進し、変化に迅速に対応できる俊敏性が求められています。そのためには、アプリケーションがボトルネックになってはいけません。ちょっとした変更なのに影響範囲が読めず開発期間が長期化したり、アプリケーションを更新するデプロイ作業に不安があったり、新規開発をしたくても定常的な運用作業や障害対応に追われていたりしませんでしょうか。モダンアプリケーションとは、アプリケーションの設計、構築、管理を継続的に見直し、常に変化を受け入れ続ける開発戦略のことです。本章では、モダンアプリケーションとは何かを紹介します。

1.1　求められるイノベーション

　現代において、企業に迅速なイノベーションが求められています。日々、めまぐるしく世界は変化し、今までの当たり前が当たり前ではなくなってしまうことさえあります。新たな市場を探索し、新たな価値を生み出し、新たなサービスを実現していくことで、よりビジネスを進化させることができます。また、多くの業界において、小規模だと思っていた競争相手がイノベーションに注力した結果、たった数ヵ月で大きな差を付けられてしまうことさえあります。

1.1.1　イノベーションフライホイール

　Amazonには、迅速なイノベーションに対応するため、図1.1のようなイノベーションフライホイール[注1]という考え方があります。実験をして、ユーザーの声に耳を傾け、フィードバックを重要視しながら、また新たに実験を繰り返します。サービスや機能の90%は、ユーザーのフィードバックに基づいています。
　しかし、ユーザーがまだ明確に認識をしていない可能性のあるニーズもあります。残りの10%は、ユーザーのために新たな価値を生み出しています。たとえば、2014年にリリースされた、Echoのようなデバイスを当時必要とする声はありませんでした[注2]。

注1）https://www.slideshare.net/AmazonWebServices/rapid-innovation-the-business-case-for-modern-application-development-srv207-aws-reinvent-2018
注2）https://aws.amazon.com/jp/executive-insights/content/the-imperatives-of-customer-centric-innovation/

第1章

第2章

第3章

第4章

第5章

第6章

第7章

第8章

図1.1 イノベーションフライホイール

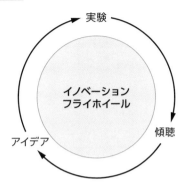

実験

イノベーション
フライホイール

傾聴

アイデア

1.1.2 | MVP（Minimum Viable Product）

　ここで、MVP（Minimum Viable Product：実用最小限の製品）という開発戦略を紹介します。MVP開発では、ユーザーに価値を提供できる最小限のサービスや製品を提供し、ユーザーからのフィードバックを活用して機能の改善や追加を繰り返していきます。はじめから「作るべきもの」が明確な場合はMVP開発ではなく、「作るべきもの」を効率的に製作するための開発戦略を採用するべきでしょう。しかし、多くのビジネスにおいては「作るべきもの」が明確ではなく、市場やユーザーの声に耳を傾けて試行錯誤を繰り返していることでしょう。このような場合、製品を完成させてから提供しようとすると、市場への投入が遅れたり、ユーザーのニーズと合わなかった場合に製品の方針転換が難しくなったりします。MVP開発を採用することで、市場への投入を早めることができ、ユーザーのニーズを探りながら機能改善や追加を繰り返すことができます。

　たとえば、「汚れを取り除く」という機能を持った新製品の開発を考えてみましょう。図1.2の例では、「ほうきとちりとり」から提供を始めて、ユーザーのニーズを満たすように「掃除機」、そして「ロボット掃除機」と製品開発を進めています。もし、「掃除機」を提供した段階で、ユーザーのニーズが「ロボット掃除機」とは違う方向に向いていた場合、軌道修正をしながらユーザーのニーズに合った製品開発を進められます。

図1.2 Minimum Viable Product

1.2 モダンアプリケーションのメリット

　迅速なイノベーションが求められているのは企業だけではありません。企業や
ビジネスを支える組織、そしてアプリケーション(アーキテクチャや技術)も同
様です。現代において成功している企業の多くは、テクノロジーに投資をし、積
極的に活用をしています。

　では、迅速なイノベーションを実現するアプリケーションとは何でしょうか。
企業のビジネスを進化させたり、改善させたりするときに、アプリケーションが
プロセス上のボトルネックにならず、テクノロジーを活用できる状態にあること
を指します。AWS(Amazon Web Services)は、アプリケーションの設計、構
築、管理を継続的に見直し、変化を受け入れ続ける開発戦略のことを、モダンア
プリケーション[注3]と呼んでいます。このモダンアプリケーション化を進めてい
くことで、MVP開発における機能改善のスピードが向上し、より迅速にイノ
ベーションを実現できます。このモダンアプリケーションのメリットを紹介しま
す。

1.2.1 市場投入を加速

　モダンアプリケーションでは、ビルドやリリースなどのフローに必要な運用上
のオーバーヘッドをAWSにオフロードすることでプロセスをすばやく進められ
ます。その結果、従来よりも実験を繰り返しやすくなり、アプリケーションの新
機能の市場投入にかかる時間(リードタイム)を短縮できます。結果的に、市場
投入の速さは企業の市場での競争力を高めます。

注3) https://aws.amazon.com/jp/modern-apps/

第1章

第2章

第3章

第4章

第5章

第6章

第7章

第8章

1.2.2 | イノベーションの促進

モダンアプリケーションでは、モジュラーアーキテクチャ[注4]を採用することで、それぞれのコンポーネントを個別にすばやく変更でき、アプリケーション全体のリスクを低く抑えることができます。そして、コンポーネントごとに実験を繰り返すことができるようになり、イノベーションの促進にもつながります。

1.2.3 | TCOの改善

モダンアプリケーションでは、従量課金モデルのサービスを採用することで、過剰なリソースのプロビジョニングやアイドル状態のリソースに対する支払いを削減できます。また、インフラストラクチャ管理をAWSにオフロードすることで、運用管理に伴うヒューマンリソースのようなメンテナンスコストも削減できます。結果として、TCO（Total Cost of Ownership：総所有コスト）[注5]を改善することにつながります。

1.2.4 | 信頼性の向上

モダンアプリケーションでは、開発ライフサイクルの中でテストやリリースを自動化することで、それぞれの作業におけるヒューマンエラーのリスクを減らせます。そして、アプリケーションのリリース後もそれぞれのサービスに適した方法でモニタリングを行うことで、障害が発生してもすばやく対処できます。さらに、それぞれのサービスには負荷が高くなったときのスケーリングやリリースが失敗したときのロールバックなどの機能も含まれます。結果として、アプリケーションの信頼性を向上することにつながります。

1.2.5 | ワークロードに適したテクノロジーやツールの選択

モダンアプリケーションでは、組織やそれぞれのサービスのワークロードが異なることを前提にします。無理に全体で統一したテクノロジーやツールを選択する必要はありません。テクノロジーやツールを適材適所に選択することで、ワークロードの実現が容易になり、変化を受け入れ続けやすくなります。たとえば、プログラミング言語やアプリケーションフレームワーク、データストアなども適

注4) 現時点では各モジュールを分割し疎結合に組み合わせて実現するアーキテクチャの総称として使います。具体的にはマイクロサービスやモジュラーモノリスなど、粒度に違いがあります。のちほど詳しく説明します。

注5) ハードウェアやシステムの取得・維持費用だけでなく、管理や運用のためのヒューマンリソースなどを含めたコストです。

材適所に選択する対象です。そしてAWSには、さまざまなワークロードに適したサービスがあります。それらを組み合わせることもできます。

1.3　モダンアプリケーションのベストプラクティス

モダンアプリケーションの実現方法はさまざまです。組織やアプリケーションのニーズに沿ったアーキテクチャやサービスを採用できます。それでも、共通認識として重要な考え方やパターンなどがあり、それらをモダンアプリケーションのベストプラクティスとして紹介します。また、Amazon.comのCTOであるWerner Vogelsも、自身のブログ記事[注6]にてモダンアプリケーションという新しいアプローチを実現するためのベストプラクティスを意識することが重要であると述べています。

1.3.1　モニタリング

アプリケーションを適切に運用するためにはモニタリングが欠かせません。モニタリングツールやログツールを使って、アプリケーションの動作を常に確認できるようにする必要があります。また、モニタリング対象はアプリケーションだけではありません。ビジネスメトリクスなども対象にする必要があります。詳しくは第4章で解説します。

1.3.2　サーバーレステクノロジー

アプリケーションを稼働し続けるためには、インフラストラクチャのプロビジョニングに加えて、サーバーやオペレーティングシステムのメンテナンス（パッチ適用など）といった運用作業が伴います。場合によっては、運用作業により多くの時間を費やしてしまうことさえあります。運用作業を自動化することで運用負荷を軽減する方法もありますが、サーバーレステクノロジーを採用することで、インフラストラクチャのプロビジョニングや、サーバーやオペレーティングシステムのメンテナンスといった運用作業を意識する必要がありません。AWSにはさまざまなサーバーレステクノロジーの選択肢があります。詳しくは第5章で解説します。

　注6) https://www.allthingsdistributed.com/2019/08/modern-applications-at-aws.html

第1章

第2章

第3章

第4章

第5章

第6章

第7章

第8章

1.3.3 | リリースパイプラインの構築

アプリケーションやインフラストラクチャを継続的にリリースするためには、リリースプロセスの自動化が必要です。エンジニアがリリースプロセスに介入し手動で作業をしてしまうと、プロセスが属人的になり、ヒューマンエラーが発生してしまう可能性もあります。そこで、継続的インテグレーション (CI) や継続的デリバリー (CD)[注7] を含むリリースパイプラインを構築することで、手動での作業をなくし、選択したテクノロジーに沿ったリリースパイプラインを構築できます。そして、リリースパイプラインに脆弱性スキャンなど、セキュリティコントロールの一部を組み込むこともできます。詳しくは第6章で解説します。

1.3.4 | モジュラーアーキテクチャ

多くの企業は、図1.3のようにすべての機能を1つのアプリケーションとしてまとめるモノリシックアーキテクチャ（モノリスとも呼ばれます）でビジネスを開始します。ビジネスの開始時点に求められる要件を最速で達成するためには適切な選択であり、単一のアプリケーションをメンテナンスすることは比較的容易です。しかし、こういったアーキテクチャは、進化とともに課題を抱えることになります。

まず、コードベースが大きくなることで複雑になり、ささいな変更でも影響範囲の追跡が困難になります。その結果、大規模なテストを毎回実行することになり、開発プロセスが遅れるだけでなく、新しいアイデアの実験も妨げられます。

図1.3 モノリシックアーキテクチャ

注7) CDという略称には継続的デリバリーと継続的デプロイメントという2種類の意味があります。実環境へのリリースの前に手動での承認を必要とするか否かという違いがありますが、本書では継続的デリバリーという用語に統一します。https://aws.amazon.com/jp/devops/continuous-delivery/やhttps://d1.awsstatic.com/International/ja_JP/Whitepapers/practicing-continuous-integration-continuous-delivery-on-AWS_JA_final.pdfが参考になります。

次にアプリケーションのスケーラビリティです。アプリケーションの中の特定の1機能のみにリクエストが集中した場合、アプリケーション全体をスケールする必要があります。これではスケールの最適化ができていません。

そこで、モダンアプリケーションでは、モジュラーアーキテクチャと言われる各モジュールを分割し疎結合に組み合わせて実現するアーキテクチャを採用します。モジュラーアーキテクチャの中にも複数のアーキテクチャがあり、図1.4にモノリシックとモジュラーモノリス、マイクロサービスを載せました。モジュラーモノリスはサービスの中でモジュールを細かく分割するアーキテクチャで、マイクロサービスはモジュールを含んだサービスごとに細かく分割するアーキテクチャです。とくにマイクロサービスを選択するときに、より良くマイクロサービスを実現するためのパターンがあり、詳しくは第8章で解説します。

図1.4 モジュラーアーキテクチャ

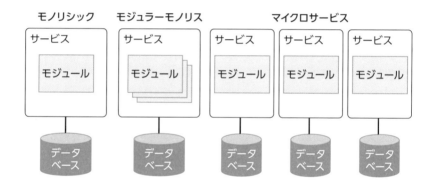

1.4 まとめ

本章では、イノベーションが求められる現代におけるイノベーションフライホイールと MVP の考え方、そしてモダンアプリケーションのメリットやベストプラクティスを紹介しました。

次章では、本書をより読みやすくするために使う具体的なシナリオを紹介します。

第1章

第2章

第3章

第4章

第5章

第6章

第7章

第8章

> column

「モダンアプリケーション」という
言葉の違和感

　「モダンアプリケーション」という言葉に違和感を持つ方もいるのではないでしょうか。「モダン」が "現代式の" という定義である以上、静的に定まった具体的な何かではなく、常に変化するものであいまいだと考える人もいるでしょう。今、開発されているものはすべて "現代の" アプリケーションだと仰る方もいれば、「モダナイゼーション」の案件に関わり新しい技術を導入した結果、かえって複雑化したという苦い思い出がある方もいるかもしれません。

　この違和感の原因の1つは「モダンアプリケーションですべてが解決する」という誤解があるからではないでしょうか。本章でも述べたとおり、現代の企業や組織は迅速なイノベーションが求められており、モダンアプリケーションはそれを支えるための手段にすぎません。本書ではさまざまなプラクティスやパターンを紹介しますが、それらをすべて取り入れれば「モダンアプリケーション」かというとそうでもありません。プラクティスやパターンは時代によって進化しますし、ビジネスや組織の文化によって最適な方法は変わります。

　Amazonはグローバルに展開するECを中心としたプラットフォームというビジネスと「全員がリーダー」という文化に合わせて自律的な少人数のチームがそれぞれのサービスにオーナーシップを持ち、組み合わさって全体を構築するマイクロサービスという方法を選択しました。これはみなさんにとっては正しい選択ではないかもしれません。

　「モダンアプリケーション」は目的ではなく手段です。みなさんのゴールを実現するために、文化にあった形で自動化され運用しやすく変化を受け入れ続けることができるアプリケーションを構築していく試みや実践を「モダンアプリケーション」と呼び、それに一般的に役立つプラクティスやパターンを本書では紹介します。本書を参考にみなさんにとって最適な「モダンアプリケーション」を考えてみてください。

第2章

サンプルアプリケーションの
紹介

2.1　シナリオの検討

2.2　現在のアプリケーションの仕様

2.3　Sample Book Storeのモダンアプリケーション化

2.4　まとめ

第1章で紹介したモダンアプリケーションの詳細に踏み込む前に、架空の企業とその企業が開発・運用をするアプリケーションという具体的なシナリオを紹介します。具体的なシナリオを使うことで、抽象度の高い内容であっても、読者のみなさんがイメージしやすくなるはずです。

2.1　シナリオの検討

本書では、モダンアプリケーション化を検討するにあたり、Sample Companyが運営する電子書籍サービスSample Book Storeという具体的なシナリオを使います。フィクションではありますが、できる限り、読者のみなさんがイメージをしながら読み進められるようにするためです。

そしてSample Companyは、組織やビジネスの拡大とともにモダンアプリケーション化を目指します。その過程で、さまざまな課題に直面しますが、何を考えて、どのような意思決定をしていくのかが本書の見どころです。読者のみなさんの組織でも、似たような課題があるはずです。自社に置き換えながら読み進めるのも良いでしょう。

アクティビティ アクティビティとは何か

本書では、Sample Companyのシナリオに対して、筆者陣で考えたモダンアプリケーション化の選択肢を紹介しています。しかし、当然ながら決まった答えはありません。選択肢はほかにもあるでしょうし、選択をするための前提条件なども変化するはずです。そこで、本書にはアクティビティというしかけを含めています。「こんなとき、読者のみなさんだったらどうしますか」というお題を載せているため、考えてみると本書をより楽しめるはずです。チームメンバーと一緒にディスカッションをするのも良いでしょうし、考えたアイデアをテックブログなどに載せてみるのも良いのではないでしょうか。

第1章

第2章

第3章

第4章

第5章

第6章

第7章

第8章

2.2 現在のアプリケーションの仕様

Sample Companyは電子書籍サービスを運営する創業2年目のスタートアップ企業です。「オンラインで書籍をすぐに読める体験をあなたに」をスローガンに掲げています。図2.1のような組織構造ですが、企業規模はまだ10名程度と少なく、その中でエンジニアリングチームに所属するメンバーは数名です。

エンジニアの役割分担も明確には決まっていません。フロントエンドやバックエンドやインフラなど、それぞれのメンバーの得意領域はあれど、全員ですべてを担当しているようなフェーズです。現時点ではCTO (Chief Technology Officer) は在籍しておらず、技術的な意思決定に苦労することもあります。それでも、エンジニアリングチームは、すばやく決断し、何よりもスピード感のあるリリースをすることを重要視しています。

そして、電子書籍サービスを通して実現したい未来のためにはまだまだ手が足りません。エンジニアの採用も進めたいと考えています。

図2.1 組織構造

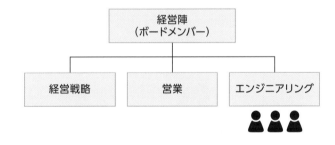

Sample Book StoreはSample Companyが運営する電子書籍サービスです。ユーザーは、購入した書籍のPDFファイルをダウンロードできます。ローンチをしてから1年ほどですが、着実にユーザーを増やしています。現在、登録ユーザー数は1万人を超えており、取り扱う書籍数も1万冊を超えています。電子書籍サービスとしては後発ですが、取り扱う書籍数の多さが売りです。

現在のSample Book Storeでは、以下の基本的な機能が実装されています[注1]。「1.1.2 MVP (Minimum Viable Product)」で紹介したMVP開発を採用しており、

注1) 本書では、決済機能や会員機能など、一部のロジックの詳細については言及しません。

電子書籍サービスに必要十分な機能が優先的に実装されている、とも言えます。

- ユーザーは、書籍の一覧を閲覧できる
- ユーザーは、書籍を検索できる
- ユーザーは、会員登録ができる
- ユーザーは、書籍を購入できる
- ユーザーは、購入した書籍のPDFファイルをダウンロードできる
- ユーザーは、購入履歴を確認できる

Sample Book Storeのアプリケーションは AWS上で稼働しています。そして、後述する技術スタックを採用しています。立ち上げ時のエンジニアリングメンバーが過去に経験のある技術スタックの中で、Sample Book Storeの実現に一番適切かつスピーディに実装できるものを選んだという背景があります。現時点では図2.2のようなシンプルな三層アーキテクチャを採用しています。それぞれのAWSサービスの概要とSample Book Storeでの用途を表2.1にまとめます。

図2.2 アーキテクチャ図

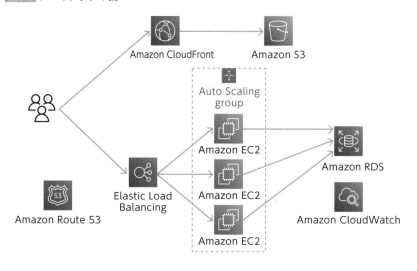

第1章

第2章

第3章

第4章

第5章

第6章

第7章

第8章

表2.1 AWSサービスの概要と用途

サービス名	概要と用途
Amazon Route 53[注2]	可用性と拡張性に優れたドメインネームシステムのサービスです。Sample Book Storeでは、アプリケーションが利用するドメインを管理するために使っています。
Elastic Load Balancing[注3]	トラフィックを分散し、アプリケーションのスケーラビリティを向上させるサービスです。Sample Book Storeでは、Application Load Balancerを使ってアプリケーションの負荷分散を行っています。
Amazon EC2（Elastic Compute Cloud）[注4]	さまざまなワークロードに対応するコンピューティングサービスです。Sample Book Storeでは、アプリケーションサーバーとして利用しています。
Amazon EC2 Auto Scaling[注5]	需要の変化に対応してコンピューティング性能を増減するサービスです。Sample Book Storeでは、アプリケーションサーバーのスケーリングに使っています。
Amazon RDS（Relational Database Service）[注6]	マネージド型のリレーショナルデータベースサービスです。Sample Book Storeでは、Amazon RDS for MySQL[注7]ですべてのデータを管理しています。
Amazon S3（Simple Storage Service）[注8]	高いスケーラビリティや可用性を持つオブジェクトストレージサービスです。Sample Book Storeでは、静的ファイルや書籍データ（PDF）の保存に使っています。
Amazon CloudFront[注9]	低レイテンシーかつ高速な転送速度でコンテンツを安全に配信するサービスです。Sample Book Storeでは、静的ファイルや書籍データ（PDF）の配信に使っています。
Amazon CloudWatch[注10]	AWSリソースやアプリケーションのモニタリングを行うサービスです。Sample Book Storeでは、メトリクス収集からログ管理まで幅広く使っています。

　また、具体的なミドルウェアなど、アーキテクチャの詳細も以下にまとめます。なお、あくまでシナリオでのサンプルになるため、ミドルウェア固有の話やバージョンに依存した話はしません。

- アプリケーション
  - 言語：Ruby
  - フレームワーク：Ruby on Rails
  - デプロイツール：Capistrano
  - ミドルウェア：NGINX
  - アプリケーションサーバー：Puma
- コード管理
  - GitHub

注2) https://aws.amazon.com/jp/route53/
注3) https://aws.amazon.com/jp/elasticloadbalancing/
注4) https://aws.amazon.com/jp/ec2/
注5) https://aws.amazon.com/jp/ec2/autoscaling/
注6) https://aws.amazon.com/jp/rds/
注7) https://aws.amazon.com/jp/rds/mysql/
注8) https://aws.amazon.com/jp/s3/
注9) https://aws.amazon.com/jp/cloudfront/
注10) https://aws.amazon.com/jp/cloudwatch/

- CI/CDパイプライン
  - Jenkins

Sample Book Store は、現状ではうまく稼働していますが、すでに以下の課題も出ています。ローンチ当初のスピード感は徐々に失われており、機能の追加や修正におけるリードタイムが増え、課題への対応が後手に回っています。また、今後の組織やビジネスの拡大とともに新たな課題も出てくるはずです。Sample Companyはどのように解決していくのでしょうか。

- ユーザー体験の課題
  - ユーザー数の増加により、書籍一覧の表示時間や購入処理の応答時間など、サービス全体のパフォーマンスが劣化している
  - ソーシャルメディアサービス上で、ユーザーから「遅い」というコメントが上がっている
- システムの課題
  - アプリケーションの運用業務の比率が高くなっている（パッチ適用、コスト最適化など）
  - アプリケーションのパフォーマンスが悪くなっている感覚はあるが、詳細に調査をするためのしくみが整っていない
  - インフラの構築やデプロイ作業の一部などを手動で行っている
- 組織の課題
  - 機能変更のリードタイムが長くなっている
  - 新規開発になかなか着手できない
  - ビジネスの状況を可視化するしくみが整っておらず、必要なときにその都度エンジニアリングチームにお願いをしている

第1章

第2章

第3章

第4章

第5章

第6章

第7章

第8章

2.3 Sample Book Storeの モダンアプリケーション化

Sample Companyは、ユーザーからのフィードバックに耳を傾けつつ、今後もSample Book Storeの利便性を高めていく予定です。すでに以下の機能は社内のプロダクトロードマップに含まれています。しかし、課題にも挙げたとおり、なかなか新規開発に着手できていません。

- ユーザーは、購入履歴や閲覧履歴から購入するべき書籍情報を受け取ることができる
- ユーザーは、より高度な条件を使って書籍を検索できる
- ユーザーは、購入時にポイントが付与され、次回以降の購入時に利用できる
- ユーザーは、購入時にクーポンを利用できる
- ユーザーは、購入後に領収書をダウンロードできる
- ユーザーは、気になる書籍をお気に入り登録できる
- ユーザーは、サービス内で通知を受け取れる

Sample Companyのエンジニアリングチームは、今後も機能開発を進めていくにあたり、アーキテクチャを見直すことにしました。変化を受け入れやすくなり、現状の課題にもアプローチできるためです。そこで、モダンアプリケーションというプラクティスを検討することにしました。

Sample Book Storeはどのように変わっていくのでしょうか。

2.4 まとめ

　本章では、シナリオとして、架空の企業であるSample Companyと、その
Sample Companyが開発・運用をするSample Book Storeを紹介しました。フィ
クションではありますが、似たようなフェーズでの経験がある方もいらっしゃる
のではないでしょうか。本書では、このSample Book Storeのシナリオを使って
話を進めていきます。

　次章では、アプリケーション開発におけるベストプラクティスを適用し、一歩
一歩改善をする重要性を紹介します。

第3章

アプリケーション開発における
ベストプラクティスを適用

3.1	The Twelve-Factor App
3.2	Beyond the Twelve-Factor App
3.3	プラクティスの紹介
3.4	まとめ

第2章でシナリオとして紹介した架空の企業Sample Companyは、ビジネス課題を解決し、ユーザーに価値をよりすばやく届けるため、現在のアプリケーションのモダンアプリケーション化を検討することに決めました。どこから手を付ければ良いのでしょうか。アプリケーションをすべて書き直せば良いのでしょうか。いきなりマイクロサービス化に挑戦すれば良いのでしょうか。

何かしら改善できるポイントがあるとしても、これまで十分に価値を生んできたアプリケーションです。今も多くのユーザーに使われています。最初から抜本的なアーキテクチャ変更をする必要はなく、できるところから徐々に改善していくのが良いのではないでしょうか。歩幅を小さく一歩一歩進めることで、変更による影響範囲を狭められるからです。そして、モダンアプリケーション化を進める前に、準備フェーズとして、改善ポイントを洗い出すプロセスにもなります。さらに、組織的な観点では、エンジニアリングチームの中に改善を積み重ねる文化を築くきっかけにもなります。

本章では、ウェブアプリケーションなどに適用できる、よく知られたベストプラクティスとしてThe Twelve-Factor App[注1]とBeyond the Twelve-Factor App[注2]の一部のプラクティスを噛み砕いて紹介します。そして、それぞれのプラクティスをAWS上でどのように実現するのか、Sample Book Storeにどのように適用するのかを検討します。なお、クラウドテクノロジーの活用やトレンドの変化により、気にする必要がなくなったプラクティスもあるため、すべては紹介せず抜粋します。また、本書の他の章でもThe Twelve-Factor AppやBeyond the Twelve-Factor Appに言及するため、第3章以外に広がりのあるトピックでもあります。

3.1　The Twelve-Factor App

The Twelve-Factor Appは、2012年ころにHeroku社のエンジニアによって提唱されたウェブアプリケーションを実装するためのベストプラクティスです。名前のとおり、大きく12種類のプラクティスから構成されています。そして、The Twelve-Factor Appはどのようなプログラミング言語で実装されたアプリケーションでも、どのようなミドルウェアを組み合わせて構築されたアプリケーションでも、幅広く適用できます。よって、適用範囲の広い共通的なベストプラ

注1）https://12factor.net/ja/
注2）https://tanzu.vmware.com/content/blog/beyond-the-twelve-factor-app

クティスと表現できるのではないでしょうか。表3.1に12種類のプラクティスを
まとめます。詳細はサイトを参照してください。

第1章
第2章
第3章
第4章
第5章
第6章
第7章
第8章

表3.1 The Twelve-Factor App

番号	英語表記	日本語表記
1	Codebase	コードベース
2	Dependencies	依存関係
3	Config	設定
4	Backing services	バックエンドサービス
5	Build, release, run	ビルド、リリース、実行
6	Processes	プロセス
7	Port binding	ポートバインディング
8	Concurrency	並行性
9	Disposability	廃棄容易性
10	Dev/prod parity	開発／本番一致
11	Logs	ログ
12	Admin processes	管理プロセス

3.2 Beyond the Twelve-Factor App

　The Twelve-Factor Appは、公開から10年以上（執筆時点）も経過した現在に
おいても十分に参考になるベストプラクティスです。しかし、技術的な進歩やト
レンドの変化もあり、現在では少し古く感じるプラクティスがあったり、また開
発者が直接意識をせずともテクノロジーの中に暗黙的に組み込まれているプラク
ティスもあります。

　そこで、2016年ころにPivotal社のエンジニアによって提唱されたベストプラ
クティスがBeyond the Twelve-Factor Appです。The Twelve-Factor Appを尊
重しつつ、12種類のプラクティスを更新し、そして新しく3種類のプラクティス
を追加し、計15種類のプラクティスから構成されています。とくにクラウドを
使う上での考慮点が含まれていることから、The Twelve-Factor Appよりもイ
メージしやすくなっているのではないでしょうか。表3.2に15種類のプラクティ
スをまとめます。詳細はレポートを参照してください。

表3.2 Beyond the Twelve-Factor App

番号	英語表記	日本語表記（筆者訳）
1	One codebase, one application	1コードベース、1アプリケーション
2	API first	API ファースト
3	Dependency management	依存関係管理
4	Design, build, release, and run	デザイン、ビルド、リリース、実行
5	Configuration, credentials, and code	設定、機密情報、コード
6	Logs	ログ
7	Disposability	廃棄容易性
8	Backing services	バックエンドサービス
9	Environment parity	環境一致
10	Administrative processes	管理プロセス
11	Port binding	ポートバインディング
12	Stateless processes	ステートレスプロセス
13	Concurrency	並行性
14	Telemetry	テレメトリ
15	Authentication and authorization	認証、認可

3.3 プラクティスの紹介

では、一部のプラクティスを抜粋して、紹介します。

3.3.1 コードベース

まずThe Twelve-Factor Appのプラクティス「コードベース」を紹介します。

コードベースとアプリケーションを1:1の関係にする

　コードの変更はGitなどのバージョン管理システムを使って追跡します。この
コードを管理するデータベースのことを「リポジトリ」と表現し、The Twelve-
Factor Appでは「コードベース」と言います。現代で広く普及している分散バー
ジョン管理システムであるGitを前提にすると、図3.1のようにルートコミットを
共有する複数リポジトリのことを「コードベース」と表現します[注3]。

注3）たとえばApache Subversionのような集中バージョン管理システムを前提にすると、単一リポジトリのことを「コード
ベース」と表現します。

第1章

第2章

第3章

第4章

第5章

第6章

第7章

第8章

図3.1 分散バージョン管理システムにおけるコードベース

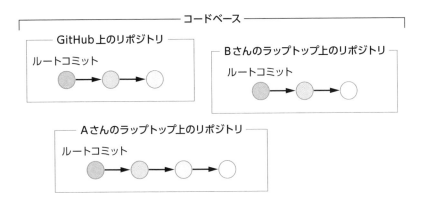

図3.2で示すように、The Twelve-Factor Appでは、コードベースとアプリケーションが1:1の関係になっていること、そしてアプリケーションとデプロイが1:Nの関係になっていることが重要です。よって、アプリケーションの種類ごとにコードベースを作り、コードベースから本番環境／ステージング環境／開発環境など、複数の環境に異なるバージョンをデプロイします。

こういった構成は一般的に感じられますが、The Twelve-Factor Appでは、コードベースとアプリケーションが1:Nの関係になっている場合は違反します。複数のアプリケーションから同じコードベースを参照すると依存度が高くなるため、ライブラリとして切り出す判断が必要になります。このように、あらためてコードベースとアプリケーションとデプロイの関係を整理することが重要です。

図3.2 コードベースとアプリケーション、デプロイの関係

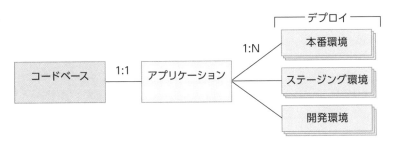

第3章 アプリケーション開発におけるベストプラクティスを適用

コードベースを実現するサービスとしては、GitHub[注4]やAWS CodeCommit[注5]やGitLab[注6]などがあります。Sample Book Storeは、第2章で紹介したとおり、GitHubを採用しています。そして、1つのアプリケーションで1つのリポジトリを持ち、それぞれの環境にデプロイをしているため、The Twelve-Factor Appの「コードベース」を満たしています。デプロイプロセスなど、CI/CDに関しては第6章で詳しく紹介します。

---

column

Monorepo

モノリポ(Monorepo)と呼ばれる開発手法があります。これは図3.3のように、マイクロサービスやアプリケーション、そのアプリケーションが利用しているライブラリをすべて1つのコードリポジトリとデプロイプロセスで管理しようという開発手法です。

それに対し、マイクロサービスのそれぞれのサービスやライブラリなど、プロジェクトごとにリポジトリを用意する手法をポリリポ[注7]と呼ぶこともあります。

モノリポでは、アプリケーションに関係する複数のプロジェクトが1つのリポジトリを共有します。メリットとして、お互いのコードを共有することが容易になる、という点があります。

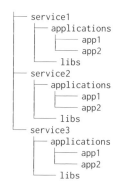

図3.3 モノリポ

```
├── service1
│   ├── applications
│   │   ├── app1
│   │   └── app2
│   └── libs
├── service2
│   ├── applications
│   │   ├── app1
│   │   └── app2
│   └── libs
└── service3
    ├── applications
    │   ├── app1
    │   └── app2
    └── libs
```

たとえば、あるアプリケーションを開発しているとして、規模がどんどん大きくなってきているとします。このとき、モノリポであれば、ディレクトリを作成してライブラリを作成し、そのディレクトリを直接参照して依存関係を定義するだけで気軽にコードを分割できます。一方で、ポリリポの場合、ライブラリを作成するためのリポジトリを作成し、そこにコードを移し、アプリケーションとライブラリのコミットを調整しながら開発をする必要があります。ライブラリをアプリケーションに組み込むためのアーティファクトリポジトリの用意など、インフラも別途必要になるかもしれません。

また、モノリポの運用ツールには、リポジトリ内のあるプロジェクトが更新されたとき、そのプロジェクトに影響するプロジェクトのみを再ビルド、再テストするという機能があります。ビルド時に別リポジトリにアクセスする必要が無いのでビルド時間が短縮されますし、あるプロジェクトで破壊的変更があったときにビルドをエラーにすることもできます。

注4) https://github.com/
注5) https://aws.amazon.com/jp/codecommit/
注6) https://about.gitlab.com/
注7) 英語ではpolyglot repositoryと書きます。`マルチリポ`と呼ばれることもあります。

プロジェクトをまたいだ依存関係の一貫性を保ちやすいということですね。これにより、次項で紹介する The Twelve-Factor App のプラクティス「依存関係」の「明示的に宣言し分離する」という観点をより実践しやすくなります。

便利なモノリポですが、もちろん、すべての現場に適しているものではありません。

さまざまなプロジェクト、多くのチームが1つのリポジトリを共有すると、リポジトリの更新頻度は必然的に高くなるでしょう。これによりリポジトリで多くのブランチを管理したり、ブランチをマージしたりするコストが増えることとなります。フィーチャーブランチや環境ごとのブランチなど、長命ブランチを複数保持するスタイルとは相性がよくありません。8章のコラムで解説している「トランクベース開発」の導入を検討することになります。また、モノリポの中で多くのプロジェクトから利用されているライブラリなどに関しては、破壊的変更を導入しにくくなるかもしれません。

ところで、モノリポは、一見すると複数のコードベースが1つのリポジトリにまとまっているので、The Twelve-Factor Appのプラクティス「コードベース」に違反しているように思われるかもしれません。実際、The Twelve-Factor Appのプラクティス「コードベース」は、単一のルートコミットを共有するリポジトリということですので、そのリポジトリで複数のアプリケーションを持つこともあるモノリポというスタイルはThe Twelve-Factor Appに違反しているという考え方もあるでしょう。

しかし、「コードベース」というプラクティスで重要な点は、あるソースコードに対応するアプリケーションを明確にすることで、再現性の高いデプロイを実現するということにあります。

そういう点では、モノリポは、リポジトリ内のあるアプリケーションコードから、複数のアプリケーションが生成されるという開発スタイルではありません。特定のアプリケーションコードに特定のアプリケーションが対応しているというThe Twelve-Factor Appのプラクティス「コードベース」の観点は、モノリポか、ポリリポか、というリポジトリの運用スタイルとは関係がないと言えるのではないでしょうか。

3.3.2 | 依存関係

次にThe Twelve-Factor Appのプラクティス「依存関係」を紹介します。

依存関係を宣言する

The Twelve-Factor Appでは、システム全体にインストールされるパッケージが暗黙的に存在することを認めません。よって、すべての依存関係を厳密に宣言することが重要です。さらに、アプリケーションを実行するときに暗黙的な依存関係が漏れ出さないようにすることが重要です。たとえば図3.4のように、ア

第1章
第2章
第3章
第4章
第5章
第6章
第7章
第8章

第3章 アプリケーション開発におけるベストプラクティスを適用

プリケーションAとアプリケーションBが、同じパッケージの、異なるバージョンに依存している可能性があるからです。依存関係を厳密に宣言する手段の例を挙げると、RubyGemsのGemfileで依存関係を宣言し、Bundlerの`bundle exec`コマンドで依存関係を分離します。

図3.4 アプリケーションごとに依存関係は異なる

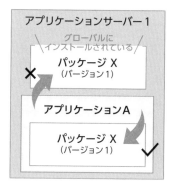
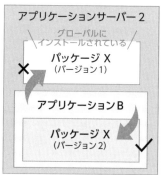

　依存関係を宣言するメリットの1つはセットアップの単純化です。ローカル環境の構築や本番環境の構築など、もともと誰かがインストールしていたことによってたまたま動いていたということがなくなり、バージョンまで統一してセットアップできます。

　さらにThe Twelve-Factor Appでは、システムツールの暗黙的な存在も認めません。具体的な例としては、アプリケーションからOSに組み込まれているcurlコマンドを使ってしまうと、暗黙的に依存してしまいます。そこでRubyのnet/httpやFaraday、Pythonのrequestsなど、専用ライブラリを使います。また、画像処理のためにImageMagickなどに依存している場合は、明示的にImageMagickをインストールします。このように、暗黙的に依存することを避けることが重要です。

Sample Book Storeに適用する

　Sample Book Storeでは、アプリケーションのフレームワークとしてRuby on Railsを使っているため、フレームワークのお作法として、すでにGemfileを使って依存関係を宣言しています。よって、The Twelve-Factor Appのプラクティス「依存関係」を満たしています。さらに、依存関係を宣言するときは、依存す

第1章

第2章

第3章

第4章

第5章

第6章

第7章

第8章

るバージョンを指定しバージョンアップに追随することも重要です。以下には Gemfileのサンプルを抜粋して載せています。たとえば'~> 1'という記法を使うことで、依存するバージョンを「1以上2未満」という範囲で宣言できます[注8]。Sample Book StoreのGemfileでは、一部のライブラリに対して依存するバージョンを指定できていなかったため、依存関係を見直す改善をしました。

```
source "https://rubygems.org"                              Gemfile
git_source(:github) { |repo| "https://github.com/#{repo}.git" }

gem 'rails', '~> 6.1.0'
gem 'aws-sdk-s3', '~> 1'
gem 'aws-sdk-rails', '~> 3'
```

3.3.3 | 設定

次にThe Twelve-Factor Appのプラクティス「設定」と、Beyond the Twelve-Factor Appのプラクティス「設定、機密情報、コード」を紹介します。

設定とコードを分離する

The Twelve-Factor Appでは、設定をコードから厳密に分離します。ここで言う設定とは、環境ごとに異なる値のことを指します。具体的な例を以下に挙げます。

- データベース情報（エンドポイント、アカウント、データベース名など）
- 外部参照するAPI情報（エンドポイント、パラメータなど）
- 外部参照するバックエンドサービス情報（Amazon S3バケット名など）
- アプリケーション機能情報（ポイント付与率、表示項目数、フィーチャーフラグなど）
- アプリケーション情報（ログレベルなど）

そして、これらの設定をアプリケーションに定数として定義してしまうと、設定とコードを分離できず、The Twelve-Factor Appに違反します。具体例を挙げます。以下のコードでは、コードの中にAPIエンドポイントを直接記述しています。当然ながら、期待したとおりに挙動します。しかし、開発環境やステー

ジング環境で異なるAPIエンドポイントを使う必要がある場合はどうしたら良いのでしょうか。環境ごとにコードを分割するべきなのでしょうか。こういった状態のことを「設定とコードを分離できていない」と言います。

　また、Ruby on Railsなど、アプリケーションフレームワークによっては、環境ごとの設定を設定ファイルという形式で管理するしくみが含まれていることもあります。このしくみを使った場合、コードの中には直接設定を記述しませんが、同じコードベースの中には保持していることになります。これは、アプリケーションフレームワークのお作法に沿ってはいるものの、設定とコードを分離するという根本的な解決にはいたっていません。

```ruby
require 'faraday'

response = Faraday.get('https://api.example.com/books')

pp response.body
```

　では、どのように設定とコードを分離すれば良いのでしょうか。The Twelve-Factor Appで紹介されている方法は環境変数を使うことです。図3.5のように、環境変数を使って設定をアプリケーションの外部から注入することにより、デプロイするコードの中に設定を含めず、環境ごとに異なる設定を簡単に適用できます。先ほどのコードを改善しましょう。以下のように環境変数ENV['ENDPOINT']を参照することで、コードは変更せずにhttps://api.example.com/booksやhttps://dev-api.example.com/booksといった異なる設定を適用できます。

```ruby
require 'faraday'

response = Faraday.get(ENV['ENDPOINT'])

pp response.body
```

図3.5 環境変数

第1章
第2章
第3章
第4章
第5章
第6章
第7章
第8章

第
3
章
アプリケーション開発におけるベストプラクティスを適用

設定を外部化する

　ではここで、Beyond the Twelve-Factor Appのプラクティス「設定、機密情報、コード」を参照し、さらなる改善を検討します。The Twelve-Factor Appには明確に記載されていなかった「設定を外部化する」というプラクティスが追加されています。これは図3.6のように、クラウド上などのバックエンドサービスに設定を保存し、アプリケーションでは設定をそこから取得することを意味しています。そうすれば、設定自体を一元管理できるだけでなく、バックエンドサービス上のしくみを使って設定の履歴管理をしたり、アクセス制限もできます。

図3.6 設定の外部化

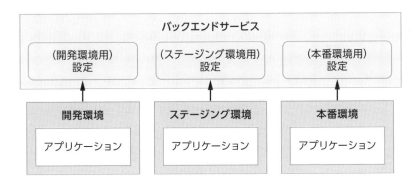

　AWSでは、AWS Systems Manager Parameter Store[注9]やAWS Secrets Manager[注10]を使うことで、設定を外部化できます。AWS Systems Manager Parameter Storeは、設定を一元的に管理できる機能です。文字列や文字列のリ

注9）https://aws.amazon.com/jp/systems-manager/features/#Parameter_Store
注10）https://aws.amazon.com/jp/secrets-manager/

ストなどの設定を管理し、設定名によって階層的な整理ができます。AWS Secrets Managerはアプリケーションなどに必要なシークレット情報の保護を支援するサービスです。今回はAWS Systems Manager Parameter Storeを中心に紹介します。

アクティビティ 設定として何を外部化するか

本章では、設定を「環境ごとに異なる値」であると紹介しました。設定の例として、データベース情報やアプリケーション機能情報を挙げましたが、アプリケーションによってはほかに必要となる設定もあるでしょう。

読者のみなさんのサービスでは、どのような情報を設定として外部化しますか。ぜひ考えてみましょう。

Sample Book Storeに適用する

Sample Book Storeでは、APIエンドポイントをアプリケーション設定ファイルとして管理しています。前述したRuby on Railsのお作法としてよく使う実現方法の1つです。以下のコードは設定を取得するサンプルです。config/sample.ymlに環境ごとの設定を記述し、config_forを使って設定を取得しています。さらに「設定を外部化する」というプラクティスを意識して改善をしていきます。

```
                                                       config/sample.yml
production:
  api:
    books: https://sample-api.example.com/books
development:
  api:
    books: https://sample-dev-api.example.com/books
```

```
endpoint = Rails.application.config_for(:sample)[:api][:books]
```

AWS Systems Manager Parameter Storeで、2種類の設定を定義します。AWS Systems Manager Parameter Storeでは、/などの識別子を使って階層化を行えるため、今回はRAILS_ENVの値であるproductionやdevelopmentを使って階層化をしています。

第1章

第2章

第3章

第4章

第5章

第6章

第7章

第8章

- /production/api/books
- /development/api/books

　次に、コードを紹介します。AWS SDK for Ruby[注11]を使って簡単に実装できます。こういった実装をするだけで、外部化した設定を取得できます。取得した設定を環境変数に設定しても良いですし、コードの中から直接取得しても良いです。

```
ssm_client = Aws::SSM::Client.new
endpoint = ssm_client.get_parameter(name: '/development/api/books').parameter.value
```

　さらに発展をさせて、設定を更新するシナリオを考えてみましょう。たとえば、AWS Systems Manager Parameter Store で設定を更新したとしても、稼働中のアプリケーションには反映されません。すべてのアプリケーションに反映をするために、アプリケーションの再デプロイや設定の再読み込みをする必要があります。ここでのポイントは「コードに変更はなく、設定1つを更新するためにアプリケーションの再デプロイや設定の再読み込みを行う必要性」となります。それなりに運用負荷が高く感じられるのではないでしょうか。その結果、デプロイを後回しにして、他のデプロイと合わせてしまうといったことも誰しも経験があるのではないでしょうか。

　そこで、稼働中のアプリケーションでは設定をキャッシュしつつ、定期的に設定を再取得するポーリングロジックなどを実装できます。実装方法はさまざまですので、あくまで一例として挙げます。たとえば Rails.cache を使って、メモリ上などにキャッシュできます。すると、expired_in にキャッシュ時間を設定できるため、定期的にポーリングができます。言い換えると、設定を更新した後に再デプロイをする必要はなく、最大5分間ほど待てば自動的にアプリケーションに反映できます。

```
ssm_client = Aws::SSM::Client.new

Rails.cache.fetch('/development/api/books', expired_in: 5.minute) do
  ssm_client.get_parameter(name: '/development/api/books').parameter.value
end
```

注11）https://aws.amazon.com/jp/sdk-for-ruby/

設定の外部化をどのように取り入れるか

本項では、設定を定期的にポーリングすることで、アプリケーションを再デプロイすることなく更新後の設定を動的に反映する方法を紹介しました。設定変更の内容や更新頻度によっては、こういったしくみを導入するよりも、アプリケーションを再デプロイした方が運用負荷を抑えられる場合があります。コンテナのようにデプロイが容易な環境であれば、設定変更の際にはアプリケーションを再デプロイするという意思決定を下す機会も多くなるでしょう。

読者のみなさんの組織では、「設定を外部化する」というプラクティスをどのように取り入れますか。ぜひ考えてみましょう。

3.3.4 | バックエンドサービス

次に The Twelve-Factor App のプラクティス「バックエンドサービス」を紹介します。

依存するサービスをアタッチする

The Twelve-Factor App では「バックエンドサービス」をアタッチされたリソースとして扱います。どういう意味なのでしょうか。バックエンドサービスとは、図3.7のようにアプリケーションがネットワーク経由でアクセスし、依存するサービス全般のことを指します。少し難しく聞こえてしまうので、具体例を以下に挙げます。

アプリケーションが接続するデータストアもバックエンドサービスですし、外部のAPIもバックエンドサービスです。また、Amazon S3などAWSサービスもネットワーク経由でアクセスするため、バックエンドサービスです。アプリケーションは、これらのバックエンドサービスをアタッチしてアクセスします。言い換えると、別のバックエンドサービスに切り替える場合は、一度デタッチして、新しくアタッチすることで容易に切り替えられます。

- データベース (MySQL)
- キュー (RabbitMQ)
- 電子メールサービス (Postfix)
- キャッシュ (Redis,Memcached)
- API (Twitter API,Google Maps API,アプリケーション API)

第1章
第2章
第3章
第4章
第5章
第6章
第7章
第8章

- AWSサービス（Amazon S3,Amazon RDS）

図3.7 バックエンドサービス

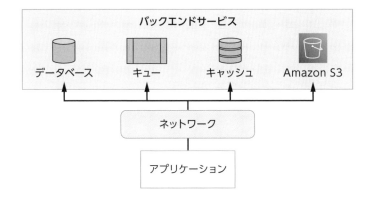

そして、バックエンドサービスでは、ローカルサービスとサードパーティサービスを区別しません。たとえば、開発環境はアプリケーションと同じサーバー（ローカル）にMySQLデータベースがインストールされていて、本番環境はAmazon RDS for MySQLを使う構成になっているとしましょう。開発環境と本番環境で、アプリケーションのコードを変更せずにデータベースの接続先を切り替えることができるのであれば、バックエンドサービスのプラクティスにしたがっていると言えます。それぞれのデータベースをリソースとして考えることで、アプリケーションにリソースをアタッチして使えます。なお、データベースの接続先は「3.3.3 設定」で紹介した環境変数や外部化した設定から取得できます。

Sample Book Storeに適用する

　Sample Book Storeでは、開発環境のデータベースをアプリケーションと同じサーバー（ローカル）にインストールしています。開発環境のコストを下げるという理由もありますが、スピード感を重視して開発を進めてきた当初から構成を変更していなかったという背景もあります。そして、本番環境ではAmazon RDS for MySQLを使っています。データベースの接続先はRuby on Railsのしくみであるdatabase.ymlを使って取得しています。アプリケーションのコードを変更せずにデータベースの接続先を切り替えることができるため、バックエンドサービスのプラクティスにしたがっていると言えます。

なお、The Twelve-Factor Appの別のプラクティス「開発／本番一致」にした
がうのであれば、開発環境のデータベースをアプリケーションと同じサーバー
（ローカル）にインストールするのではなく、開発環境でもAmazon RDS for
MySQLを使うべきでしょう。もし構成変更をする場合にも、バックエンドサー
ビスのプラクティスにしたがっているため、簡単に切り替えられます。

3.3.5 | APIファースト

　次にBeyond the Twelve-Factor Appのプラクティス「APIファースト」を紹介
します。

すべてのアプリケーションをAPIにする

　Beyond the Twelve-Factor Appには、アプリケーションが大きくなるにつれ
てサービス間の依存度が強くなり、統合が失敗しやすくなると書かれています。
そこで図3.8のように、公開されたインターフェースであるAPIを第一に考える
思想が「APIファースト」です。言い換えると、すべてのアプリケーションを
APIとして、The Twelve-Factor Appのプラクティス「バックエンドサービス」
になることを目指します。

　そしてAPIのインターフェース仕様があることで、関係者との議論が容易にな
るというメリットもあります。さらにAPIファーストを実現するためにAPIド
キュメントを生成したり、モックを生成するツールもそろっています。Beyond
the Twelve-Factor AppではAPI Blueprint[注12]やApiary[注13]が紹介されています
が、Swagger[注14]もあります。

注12) https://apiblueprint.org/
注13) https://apiary.io/
注14) https://swagger.io/

第1章

第2章

第3章

第4章

第5章

第6章

第7章

第8章

図3.8 インターフェース仕様がアプリケーション境界となる

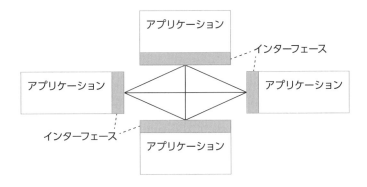

これは、モダンアプリケーションの特徴として挙げたモジュラーアーキテクチャや、それぞれのワークロードに適したテクノロジーやツールを選択できる話にも関連します。それぞれのサービスが独立するため、サービスを個別に変更できるようになります。また、従来のモノリシックな構成では、決められたプログラミング言語やフレームワークを使う必要がありました。しかしAPIファーストでは、インターフェースを維持すれば、サービスで選択するテクノロジーやツールを変更できます。

Sample Book Storeに適用する

Sample Book Storeでは、Ruby on Railsを使ってアプリケーションを構築しています。フレームワークの思想のとおり、MVC（Model/View/Controller）で実装をしているため、現状ではAPIを採用していません[注15]。しかし、「APIファースト」の思想に沿って、今後新機能を追加するときに検討したいと考えています。Sample Companyのフェーズを考えると、現状稼働しているアプリケーションを無理に書き換える必要はないと判断できるからです。

第3章　アプリケーション開発におけるベストプラクティスを適用

3.4 まとめ

　本章では、ウェブアプリケーションなどに適用できる、よく知られたベストプラクティスであるThe Twelve-Factor AppとBeyond the Twelve-Factor Appの一部を紹介し、Sample Book Storeでの現状確認や適用、検討を進めました。

- The Twelve-Factor App
  - コードベース
  - 依存関係
  - 設定
  - バックエンドサービス
- Beyond the Twelve-Factor App
  - 設定、機密情報、コード
  - API ファースト

　モダンアプリケーション化を検討するときに、最初から抜本的なアーキテクチャ変更をする必要はなく、できるところから徐々に改善していくべきです。また、アプリケーション開発におけるベストプラクティスを見直し、適用することで、今後アプリケーションを変更しやすくもなります。

　次章では、ビジネスやアプリケーションに関係するメトリクスなど、データを取得する重要性を紹介します。

第 **4** 章

データの取得による
状況の可視化

4.1	ビジネスデータ
4.2	運用データ
4.3	システムデータ
4.4	オブザーバビリティ（可観測性）
4.5	まとめ

モダンアプリケーションに限らず、サービスの状況を把握することはビジネスの成功において不可欠です。たとえば、「アプリケーションが期待している応答時間でサービスを提供しているか」といったアプリケーションの状況や「サービスのアクティブユーザー数はどの程度か」といったビジネスの状況は、必要なときに確認できることが望ましいでしょう。

　状況を可視化するというプラクティスは以前から広く取り入れられていますが、「イノベーションの促進」や「信頼性の向上」といったモダンアプリケーションのメリットを得るには、従来とは異なる可視化戦略が必要です。サーバーレスやコンテナ、マイクロサービスなど、採用しているテクノロジーやアーキテクチャの構成に応じて、データを収集し分析するための適切なツールを導入します。

　たとえば、図4.1のようにマイクロサービスが採用され、それぞれのサービスでサーバーレスやコンテナ、仮想マシンなど異なるコンピューティング環境が利用されている状況を想定しましょう。コンピューティング環境によってはデータを取得するために利用できるツールが異なる場合が考えられます。また、それぞれのサービスは独立した異なる機能を提供しているため、状況を可視化するために見るべきデータも機能によって異なるものとなります。一方で、サービス全体では同じ指標のデータを必要とする場合もあるため、それらのデータについてはデータ取得のためのガイドラインを策定し、それぞれのサービスで適用する必要も出てくるでしょう。このように、サーバーレスやコンテナ、マイクロサービスなど、モダンアプリケーションに広く採用されているテクノロジーやアーキテクチャを用いる場合、単一のモノリシックアプリケーションを運用する場合とは異なる可視化戦略が必要となります。

図4.1 さまざまなテクノロジーが採用されたアーキテクチャ

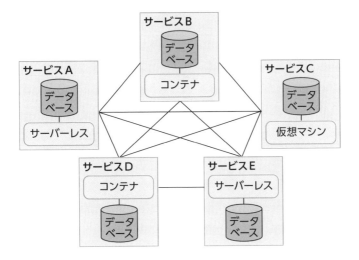

第1章

第2章

第3章

第4章

第5章

第6章

第7章

第8章

第4章 データの取得による状況の可視化

　クラウドには、モダンアプリケーションの可視化戦略を実現するためのツールが存在しています。前述のように、モダンアプリケーションの構成や採用しているテクノロジーによって利用するツールはさまざまですが、収集したデータを活用して何を可視化するのかという観点では、ツールによらず共通の考え方を適用できます。そこで本章では、アプリケーションの状況やビジネスの状況を可視化するために、どのようなデータを収集するのかについて説明します。

4.1　ビジネスデータ

　まずは、ビジネスの状況を可視化するために必要なデータについて考えてみましょう。具体的な例として、Sample Book Store の場合は以下のようなデータが考えられます。

- アクティブなユーザー数
- 新規の会員登録／退会をしたユーザー数
- 書籍の販売数

- 閲覧数／検索数
- 滞在時間

　これらのデータは、経営陣が将来の計画のために利用したり、マーケティングチームがキャンペーンの効果を測定するために利用されます。データを活用するチームやユーザーにより目的が異なるため、これらのデータを表示・分析するツールやソリューションの選定はさまざまでしょう。

　ここで重要なのは、これらのデータを取得できるようにモダンアプリケーションが構築されていることです。データの取得方法はアプリケーションの実装やアーキテクチャの構成に応じて変化します。自身の組織ではビジネスの状況を可視化するためにどのようなデータが必要であり、必要なデータを取得するためにどのようにアプリケーションを実装し、アーキテクチャを構成するべきかをあらかじめ検討しておくと、実際にサービスの提供を開始した後の手戻りが少なくて済むでしょう。

　たとえば、データを活用する目的ごとに可視化のしくみを構築するのではなく、必要となりうるデータを1ヵ所に集めておき、利用目的に応じてそれらのデータに対して加工や分析を実施するというアプローチが考えられます。図4.2のように、ビジネスデータをログへ出力するようにアプリケーションを実装し、それらのログをストリーミングで集約して保存します。こうすることで、ビジネスデータの分析や可視化については、後から柔軟にツールを選定できます。

図4.2 ビジネスデータをログとして集約

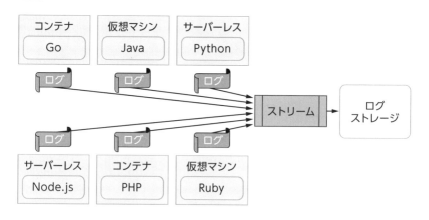

　Sample Book Storeでは、ビジネスデータ自体は取得できているものの、デー

第1章

第2章

第3章

第4章

第5章

第6章

第7章

第8章

タの加工や分析のためのソリューションを導入するところまで手が回っておらず、月末など必要なタイミングでSQLや表計算ソフトを実行してデータを確認するという運用でカバーしています。ビジネスデータの収集・保存はできているため、今後はAmazon QuickSight[注1]などのBIサービスを導入してビジネスの状況を可視化することで、モダンアプリケーションに適した形を目指したいと考えています。

アクティビティ データの取得・活用方法

　読者のみなさんの組織では、どのようなビジネスデータを取得し、活用していますか。逆に、現状ではうまく活用できていないデータはありますか。そして、どのような観点でデータを取得し、活用するテクノロジーを選択していますか。また、重要なビジネスデータの傾向に変化があった場合に、どのようにアプリケーション側の原因を調査できますか。ぜひ考えてみましょう。

4.2 運用データ

　続いて、サービスの運用状況を可視化するために必要なデータについて考えてみましょう。具体的な例として以下のようなデータが考えられます。運用の状況を可視化するためのデータは、ビジネスの状況を可視化するためのデータとは異なり、多くのチームで同じような観点が用いられるでしょう。

- 運用担当者の呼び出し回数
- 設定変更など運用作業の依頼として起票されるチケット数
- チケットが完了するまでの経過時間
- 1日あたりのデプロイ数
- サービスの可用性

　これらの観点に対しては、チームとして責任を持つ必要があります。例として、運用チームと開発チームが完全に分断されている状況を想定します。もし、運用チームだけがこれらのデータを追跡し改善する責任を持つ場合、「運用担当

者の呼び出し回数」を抑えるために、開発チームに対してデプロイの敷居を高く
するさまざまなプロセスを設定するかもしれません。こうなっては、モダンアプ
リケーションのメリットであるイノベーションの向上につなげることはできませ
ん。

　チームとして責任を持つための手段として、DevOpsモデル[注2]を導入すること
が効果的です。DevOpsモデル（あるいは、単にDevOps）では、開発チームと運
用チームの間にある壁を取り除き、一体化したチームとして協調性を持って作業
を進めます。たとえば、開発のスピードを犠牲にすることなく「運用担当者の呼
び出し回数」を抑えるために、それぞれのチームが協調した取り組みを実施でき
ます。開発観点では小さな変更を頻繁にデプロイすることでデプロイごとのリス
クを下げる、運用観点ではCI/CDパイプラインを導入してデプロイを自動化す
るといったように、開発の生産性を損なうことなく信頼性の高い運用ができま
す。

　Sample Book Storeでは、緊急時の呼び出しに対応する担当者のスケジュール
管理や、チケット管理にSaaS（Software-as-a-Service）を利用しており、それら
のSaaSで運用担当者の呼び出し回数やチケットに関するデータを可視化してい
ます。1日あたりのデプロイ数やサービスの可用性といったデータは必要に応じ
て集計していますが、将来的にはダッシュボードを作成して、チームメンバーが
いつでも把握できるようにしたいと考えています。

4.3　システムデータ

　最後に、サービスが実行されているインフラストラクチャやアプリケーション
の状況を可視化するために必要なデータについて考えてみましょう。具体的な例
として、Sample Book Storeのようにオンラインで提供されるサービスでは、以
下のようなデータが考えられます。

- リクエスト数（Rate）
- リクエストのエラー数（Errors）
- リクエストの処理時間（Duration）

注2）https://aws.amazon.com/jp/devops/what-is-devops/

第1章

第2章

第3章

第4章

第5章

第6章

第7章

第8章

　これらのメトリクスは、頭文字を取ってREDメソッド[注3]と呼ばれることがあります。REDメソッドは、Sample Book Store のように「クライアントからのリクエストに応答する」というリクエスト駆動のサービスであれば内容によらず広く適用できるため、マイクロサービスアーキテクチャを採用する場合はとくに効果的です。マイクロサービス間で同様のメトリクスを取得するため、運用チームがそれぞれのサービスに対してカスタマイズしたメトリクスをモニタリングしたり、サービスごとに異なるダッシュボードの作成やアラートを設定する必要がありません。そのため、運用チームのスケーラビリティが向上し、効率的な運用ができます。

　また、リクエスト駆動ではないサービス、たとえばキューとそれを処理するジョブで構成されるようなサービスでは、以下のようなデータを取得することでインフラストラクチャやアプリケーションの状況を可視化できます。

- タスクの処理件数（Utilization）
- キューイングされているタスクの件数（Saturation）
- エラー件数（Errors）

　これらのメトリクスは、頭文字を取ってUSEメソッド[注4]と呼ばれることがあります。先ほど紹介したREDメソッドはリクエスト駆動のサービスに対して効果的でしたが、キューとそれを処理するジョブで構成されるようなサービスのように、リクエスト駆動ではないアプリケーションに対しては適用が難しい方法です。これらのアプリケーションに対してはUSEメソッドを適用することで、ジョブが1時間あたり何件のタスクを処理しているか、キューにはどの程度のタスクがキューイングされているのかといった状況を可視化できます。

　前述のメトリクスに加えて、リソースの状況を可視化するためのメトリクスも同じく重要です。たとえば、アプリケーションが実行されているサーバーのCPU利用率・メモリ利用率・ネットワークI/Oといったメトリクスや、Amazon S3といったマネージド型サービスの提供するメトリクスが考えられます。これらのメトリクスは、積極的に追跡したりアラームを設定する対象ではありませんが、前述のREDメソッドやUSEメソッドで何かしらの問題を検知した場合に調査するための重要なデータとなります。また、リソースの状況を可視化することで「そのリソースがどれくらい使われているのか」という専有率を把握できるため、キャパシティプランニングにも活用できます。

注3）https://www.weave.works/blog/the-red-method-key-metrics-for-microservices-architecture/
注4）https://www.brendangregg.com/usemethod.html

Sample Book Storeでは、Amazon CloudFrontやElastic Load Balancingの Amazon CloudWatchメトリクスから、REDメソッドに相当するデータを取得しています。また、Amazon EC2やAmazon RDSのAmazon CloudWatchメトリクスから、リソースの状況を可視化するためのデータを取得しています。そして、Amazon CloudWatchダッシュボードを利用して、これらのメトリクスを確認しています。将来的に、サーバーレスやコンテナといったAmazon EC2以外のコンピューティング環境や、現在利用していないマネージド型サービスを新たに採用した場合を想定しています。この場合でも、Amazon CloudWatchにメトリクスを集約することで、現在と同じようにAmazon CloudWatchダッシュボードを統一的なビューとして活用できます。

アクティビティ ビューとして活用するツールの選定基準

本シナリオではAmazon CloudWatchでダッシュボードを構築しましたが、他の選択肢としてAmazon Managed Service for Prometheus[注5]とAmazon Managed Grafana[注6]を組み合わせて利用したり、SaaSを利用したりできます。選定基準としては、たとえば次のような観点があるでしょう。

- コストの観点
  - AWSやSaaSといった利用料金、メンテナンスのヒューマンリソースなど
- 使いやすさの観点
  - エンジニアロール以外の人も触りやすい、権限管理が容易など

読者のみなさんの組織では、どのような観点でビューとして活用するサービスやツールを選びますか。ぜひ考えてみましょう。

注5) https://aws.amazon.com/jp/prometheus/
注6) https://aws.amazon.com/jp/grafana/

第1章

第2章

第3章

第4章

第5章

第6章

第7章

第8章

4.4 オブザーバビリティ（可観測性）

オブザーバビリティ（可観測性）[注7]とは、「システムの内部で何が起きているのか」を説明できるシステムの能力を示しています。たとえば、先月の自社システムの可用性や応答時間を教えてほしい、というマネージャーからの質問に回答ができる状態であれば、そのシステムはオブザーバビリティを備えていると言えるでしょう。

システムがオブザーバビリティを獲得するためのデータとして、すでに紹介したメトリクスに、ログとトレースデータを加えた「3本の柱」という考え方があります。図4.3にまとめました。メトリクスは、リクエスト数などの特定の指標について、数値データを時系列で確認できる点は便利ですが、数値データ以外の情報は持つことができません[注8]。数値以外の詳細なデータはログとして保存します。また、マイクロサービスのような分散システムを実行している場合、サービス間を横断するリクエストの追跡にトレースデータが必要となるでしょう。このように、メトリクスとログとトレースデータはそれぞれが異なる性質のデータを持っていますが、システムの内部で何が起こっているのかを把握する際に重要なデータとなります。トレースデータについては、「8.12 分散トレーシング：サービスを横断するリクエストの追跡」にて詳しく説明します。

図4.3 オブザーバビリティと3本の柱

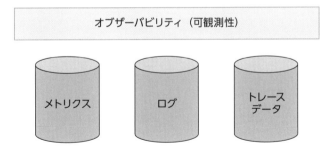

注7) https://aws.amazon.com/jp/products/management-and-governance/use-cases/monitoring-and-observability/
注8) ラベルなどのメタデータとして、数値以外の情報を少数であれば付与できる場合もあります。

モニタリングとオブザーバビリティ

　ここまで読み進めた読者のみなさんであれば、おそらく「モニタリングとオブザーバビリティの違いは何か」という疑問を持っていることでしょう。結論からいうと、この疑問に対して、すべての方が納得する答えは提供できません。筆者の知る限り、この違いに関する明確な定義が存在しないためです。そこで本コラムでは、あくまで筆者の考えとして、モニタリングとオブザーバビリティの違いについて説明します。

　まずは、この2つの目的について整理してみましょう。オブザーバビリティの目的は、システムの内部で何が起きているのか、すなわち「問題を把握すること」だといえます。一方、モニタリングの目的は「問題を発見すること」だといえます。つまり、モニタリングでは予測可能な問題を対象としており、オブザーバビリティでは対象となる問題が予測可能であるとは限らない、という点でこれら2つの目的は異なります。

　例として、Amazon ECSタスク（コンテナの集合）をAmazon EC2インスタンスで実行する場合において、あるタスクがコンテナヘルスチェックに失敗して停止したと仮定しましょう。この場合、タスクが停止した（すなわち、タスクの状態が変化した）ことを検知してメールなどに通知をするしくみがあれば、それは「モニタリング」の一例と考えられます。これに対して、タスクが停止した原因を把握するためには、「ヘルスチェックに失敗したコンテナのログ」「コンテナが実行されているAmazon EC2インスタンスのメトリクス」「タスクと連携しているサービス間のトレースデータ」など、複数のデータを収集して相互に関連付けながら分析する必要があります。このようなしくみがあれば、それは「オブザーバビリティ」の一例と言えるでしょう。

　ここでは、あくまで一例として筆者の考え方を紹介しましたが、上記とは異なる解釈がなされている場合もあるでしょう。ここで重要なのは、「モニタリングとオブザーバビリティの違い」について正確な答えを求めることではなく、この解釈が人によって異なるという点です。ただし、「モニタリング」と「オブザーバビリティ」を同じ意図で利用することは不要な混乱を招きます。読者のみなさんがこれらの言葉を利用する場合は、「モニタリングとはXXXである」「オブザーバビリティとはYYYである」といったように、それぞれの言葉の意図を明確にした上でドキュメントやプレゼンテーションに利用することにより、誤解の少ないコミュニケーションが可能になるでしょう。

第1章
第2章
第3章
第4章
第5章
第6章
第7章
第8章

4.5　まとめ

　本章では、データを取得する重要性、そして取得するべきデータの種類として以下の3種類を紹介しました。

- ビジネスデータ
- 運用データ
- システムデータ

　何かを調べたいと思ったり、何かが起きてしまったときに、データがないと何も判断できず困ってしまいます。ビジネスとして、エンジニアリングチームとして、どんなデータを取得したいのかを整理することが重要です。

　次章では、ワークロードに適したテクノロジーを選択するためにサーバーレスやコンテナの採用を検討します。

第 5 章

サーバーレスやコンテナ
テクノロジーによる運用改善

5.1 サーバーレステクノロジーを使う価値

5.2 AWSでのサーバーレス

5.3 サーバーレスとコンテナのワークロード比較

5.4 シナリオによるサーバーレスワークロードの構成例

5.5 シナリオによるコンテナワークロードの構成例

5.6 まとめ

第1章で、モダンアプリケーションのベストプラクティスとして「サーバーレステクノロジーの採用」を紹介しました。アプリケーションを稼働し続けるためには、インフラストラクチャのプロビジョニングに加えて、サーバーなどの運用作業が伴います。場合によっては、運用作業により多くの時間を費やしてしまうことさえあります。さらに、モダンアプリケーションの特徴として「ワークロードに適したテクノロジーやツールの選択」も紹介しました。本章では、サーバーレステクノロジーやコンテナテクノロジーに着目し、どのようにアプリケーションを改善できるのか紹介します。

5.1 サーバーレステクノロジーを使う価値

まず「サーバーレス」とは何でしょうか。あらためて整理してみましょう。直訳をすると「サーバーがないこと」と読み取ることができますが、ここでは「サーバーを意識しないこと」と定義します。では今度は「サーバーを意識すること」とは何でしょうか。

当然ながらアプリケーションが安定稼働していることは何よりも重要ですが、そのためにはさまざまな構築作業や運用作業、設計上の考慮が必要になります。具体例を挙げると、アプリケーションを稼働させるサーバーとしてAmazon EC2を使っている場合は、必要なミドルウェアをインストールします。そしてAmazon EC2インスタンスに対して継続的にセキュリティパッチを適用する必要もあります。さらに、アプリケーションのユーザーが増加することを考慮して、Amazon EC2インスタンスを多めに起動し、余剰リソースを確保しておくような考慮も必要です。このように、Amazon EC2インスタンスなどをベースにアーキテクチャを構成する場合は、サーバーを運用することになり、これが「サーバーを意識すること」に繋がります。サーバーを意識せずに、アプリケーションを設計、開発できるのがサーバーレスです。

では、サーバーレスを使うことで、どんなメリットがあるのでしょうか。

第1章

第2章

第3章

第4章

第5章

第6章

第7章

第8章

5.1.1 | サーバー管理なし

　サーバーレスでは、すでに紹介したサーバーに対する運用作業は必要ありません。サービス側（サーバーレスな特性を持ったものという意味で使います）で必要なランタイムやソフトウェアがインストールされます。継続的なパッチの適用もサービス側で行われます。

5.1.2 | 柔軟なスケーリング

　サーバーレスでは、スケーリングのしくみがサービス側に組み込まれています。また、それぞれのサーバーを意識しなくなることにより、スループットなどサービスの消費単位でのスケーリングも可能になります。

5.1.3 | 価値に見合った支払い

　ユーザーがアプリケーションを利用しているかどうかにかかわらず、サーバーは起動時間によって課金されます。サーバーレスでは、実行時間や指定したスループットに対して課金されます。その結果、本質的な従量課金制を導入でき、価値に見合った支払いができます。

5.1.4 | 自動化された高可用性

　サーバーレスでは、サービス側に可用性や耐障害性を高める機能が組み込まれています。これらの設計をする必要がなく、アプリケーションの開発に集中できます。

サーバーレスの定義

　サーバーレスという用語は、AWSが独自に定義したものではありません。企業やコミュニティによって多少の解釈の違いはありますが、広く使われている用語です。たとえば、Cloud Native Computing Foundation (CNCF)[注1] の公開しているCNCF Serverless Whitepaper v1.0[注2] では、サーバーレスの定義として「サーバーレスは、コードをホストして実行するためにサーバーを使わなくなることを指すのではなく、サーバーのプロビジョニングや、スケーリング、キャパシティプランニングといった作業に時間やリソースを費やす必要がなくなるという考え方を指す」と説明されています。また、AWSのサーバーレスドキュメント[注3] では、本節で取り上げた「柔軟なスケーリング」や「価値に見合った支払い」といった点をサーバーレスの特徴として説明しています。

　ここで紹介したホワイトペーパーやドキュメントでは、サーバーレスをプラットフォームとして提供する際のAPI仕様やデプロイするアーティファクトの形式など、サーバーレスの技術的な詳細については言及していません。すなわち、サーバーレスとは、特定の技術仕様を満たすことではなく、本節で取り上げたようなメリットを利用者が享受できることを指している、といえます。

5.2 AWSでのサーバーレス

　AWSでは、表5.1のように、さまざまなサーバーレスサービスを提供しています。ここでは、カテゴリとサービスの一部を紹介します。コンピューティングやアプリケーション統合、データストアなど、どのサービスもサーバーを意識することなく目的によって使い分けられるようになっています。

注1）https://cncf.io/
注2）https://github.com/cncf/wg-serverless/tree/master/whitepapers/serverless-overview
注3）https://aws.amazon.com/jp/serverless/

第1章

第2章

第3章

第4章

第5章

第6章

第7章

第8章

表5.1 サーバーレスサービスの一部を紹介

カテゴリ	サービス名	概要
コンピューティング	AWS Lambda[注4]	サーバーを意識することなくコードを実行できるサービスです。
アプリケーション統合	Amazon EventBridge[注5]	イベント駆動型アプリケーションを実現できるサービスです。
アプリケーション統合	AWS Step Functions[注6]	それぞれのコンポーネントをオーケストレーションできるワークフローサービスです。
アプリケーション統合	Amazon SQS（Simple Queue Service）[注7]	さまざまなサービス間でメッセージを送信、保存、受信できるメッセージキューイングサービスです。
アプリケーション統合	Amazon SNS（Simple Notification Service）[注8]	大規模にメッセージを送信できるパブサブ型のメッセージングサービスです。
アプリケーション統合	Amazon API Gateway[注9]	ビジネスロジックの入り口として使えるAPIサービスです。
データストア	Amazon S3[注10]	高いスケーラビリティや可用性を持つオブジェクトストレージサービスです。
データストア	Amazon DynamoDB[注11]	あらゆる規模に対応する高速なNoSQLデータベースサービスです。

5.3 サーバーレスとコンテナのワークロード比較

　サーバーレスを検討する際、比較対象としてコンテナが挙げられるケースは多くあります。ここでは、サーバーレスとコンテナのワークロードについて比較してみましょう。

　はじめに、コンテナについて簡単に紹介します。コンテナとは、アプリケーションの実行環境をパッケージ化し、それをデプロイ、実行するためのテクノロジーです。図5.1のように、アプリケーションコードやライブラリ、プログラミング言語のランタイムなど、アプリケーションを実行するための依存関係をコンテナイメージとしてパッケージ化します。「3.3.2 依存関係」で紹介したThe Twelve-Factor App のプラクティス「依存関係（依存関係の宣言と分離）」を満たすことにも繋がります。パッケージ化されたコンテナイメージは、任意の場所で

注4）https://aws.amazon.com/jp/lambda/
注5）https://aws.amazon.com/jp/eventbridge/
注6）https://aws.amazon.com/jp/step-functions/
注7）https://aws.amazon.com/jp/sqs/
注8）https://aws.amazon.com/jp/sns/
注9）https://aws.amazon.com/jp/api-gateway/
注10）https://aws.amazon.com/jp/s3/
注11）https://aws.amazon.com/jp/dynamodb/

実行されるコンテナランタイムにより、コンテナとして実行できます。

　コンテナを利用することでアプリケーションが可搬性を得るため、手元の開発用ラップトップから本番環境まで、さまざまな場所で一貫性のある形でアプリケーションを実行できます。また、コンテナオーケストレーターと呼ばれるコンテナのスケジューリングやスケーリングを行うツールを利用することで、より効率的な運用ができます。このように、コンテナの持つ可搬性によりさまざまなメリットが得られ、ユーザーがよりアプリケーション開発に集中できることから、サーバーレステクノロジーと同様にモダンアプリケーションにおける重要な選択肢の1つとなっています。

図5.1 コンテナとは

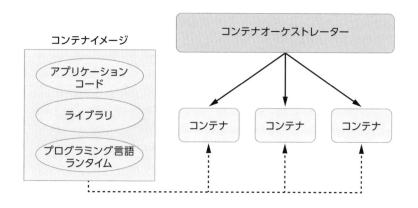

　では、サーバーレスとコンテナはどのように使い分けるのがよいのでしょうか。これは非常に難しい問いかけですが、1つの指針として「アプリケーション開発に、より多くの時間や人を投資できる選択肢はどれか」という観点で整理する考え方を紹介します。ここでは例として、AWS Lambdaと、Amazon ECS（Elastic Container Service）[注12]およびAmazon EKS（Elastic Kubernetes Service）[注13]といったAWSコンテナサービスを比較する場合を想定します。いずれのサービスでも要件を満たせるのであれば、図5.2のように、AWS Lambdaの方がAmazon ECSやAmazon EKSと比較してサービスの抽象度が高く、多くの作業をAWSにオフロードできます。言い換えると、AWS Lambdaの方がアプリケーションを実行するために必要な作業が少ないため、ユーザーはアプリケーション開発により集中できます。

注12) https://aws.amazon.com/jp/ecs/
注13) https://aws.amazon.com/jp/eks/

図5.2 AWSコンテナサービスとAWS Lambdaの抽象度

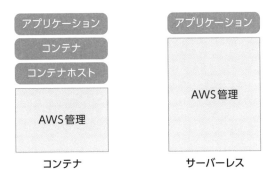

　先ほどの指針に従うと、AWS Lambdaで要件を満たせない場合にAmazon ECSやAmazon EKSの採用を検討することになります。たとえば、本書の執筆時点では、AWS Lambda関数のタイムアウト設定は最大で15分[注14]ですので、それ以上の実行時間が想定されるアプリケーションでは採用が難しくなります。そのような場合、アプリケーションの実行環境としてコンテナが候補に挙がるため、Amazon ECSやAmazon EKSが選択肢に出てくるでしょう。

　また、アプリケーションの実行環境としてコンテナを採用する場合、実際にコンテナを稼働させるための仮想マシンのような、コンテナ実行環境についても考慮が必要です。AWS上でアプリケーションを実行する場合、コンテナ実行環境としてAmazon EC2あるいはAWS Fargate[注15]が選択肢となります。

　AWS Fargateは、コンテナ向けのサーバーレスコンピューティングエンジンです。AWS Fargateを利用すると、Dockerなどのコンテナランタイムを含むAmazon EC2インスタンスの管理が不要となるため、コンテナワークロードの運用負荷が軽減されます。ここでも、「アプリケーション開発に、より多くの時間や人を投資するための選択肢はどれか」という指針が活用できます。どちらの選択肢でも要件を満たせるのであれば、AWS Fargateを利用することでアプリケーション開発により集中できます。このように、アプリケーションを実行するための作業が少ない選択肢から順に検討を進めることで、ビジネスの差別化に繋がらない作業を排除し、モダンアプリケーション化を進めることができます。

注14）最新情報については、AWSのドキュメントを確認してください。
　　　https://docs.aws.amazon.com/ja_jp/lambda/latest/dg/gettingstarted-limits.html
注15）https://aws.amazon.com/jp/fargate/

モダンアプリケーションは
サーバーレスやコンテナだけではない

　第5章では、モダンアプリケーションを実現するテクノロジーとしてサーバーレスとコンテナを紹介しています。しかし、これはモダンアプリケーションを実現するためにサーバーレスとコンテナを「使わなければいけない」という意味ではありません。モダンアプリケーションという名前から「現代式の技術の組み合わせ」のように聞こえてしまいますが、第1章で紹介したとおり、モダンアプリケーションはアプリケーションの設計、構築、管理を継続的に見直し、変化を受け入れ続ける開発戦略のことを指します。よって、採用するテクノロジーに縛りがあるわけではありません。

　図5.3に仮想マシンであるAmazon EC2を中心に構成したアーキテクチャを載せます。

　たとえば、Amazon CloudWatchでモニタリングをしつつ、リクエスト数などのメトリクスが閾値を超えた場合はAmazon EC2 Auto ScalingでAmazon EC2インスタンスを増やし、その需要に対応できます。また、EC2 Image Builderでアプリケーションに必要なパッケージを含んだAMI（Amazon Machine Image）を構築し、AWS Systems Manager Patch ManagerでAmazon EC2インスタンスにパッチを適用することで、日常的な運用業務を自動化できます。さらに、AWS Codeサービス群でアプリケーションをデプロイし、AWS CloudFormationでAWSサービスを構築することで、デプロイ作業も自動化できます。

　いかがでしょうか。すべてをサーバーレスやコンテナで構成する必要はなく、それぞれのサービスをうまく組み合わせることで、柔軟に変化を受け入れ続けられます。さらに、第3章で紹介したThe Twelve-Factor AppやBeyond the Twelve-Factor Appを意識することで、より良いアプリケーションに近づけられます。

　本書を参考にみなさんにとって最適な「モダンアプリケーション」を考えてみましょう。

図5.3 Amazon EC2を中心に構成したアーキテクチャ

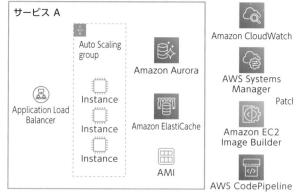

第1章

第2章

第3章

第4章

第5章

第6章

第7章

第8章

5.4 シナリオによる サーバーレスワークロードの構成例

　具体的なシナリオとして、Sample Book Storeのロードマップとして検討をしていた「領収書機能」の開発に着手することを考えます。ユーザーが書籍を購入した後に、会員ページから領収書をPDFファイルとしてダウンロードできる機能です。購入直後に領収書がダウンロードできる必要はなく、なるべく早く領収書をダウンロードできれば良いという要件です。どのように設計をすれば良いでしょうか。

　まず、Sample Book Storeの課題を思い出してみます。すでにユーザー数が増加してアプリケーション全体のパフォーマンスが劣化していることに加えて、アプリケーションの運用業務の比率も高まっています。また開発期間が長くなることも懸念しています。さらに、今後もユーザー数、そして購入数が増えることを考えたときに、領収書を作る機能をSample Book Storeの中心的な機能から切り離すことにより、負荷の軽減ができると考えました。

　要件として購入と同期的に実行する必要がなく、「なるべく早く」で十分な点もポイントです。筆者自身の実体験としても、購入後にすぐ領収書が必要だとしても数分間は待てますし、場合によっては月末の経費精算時にまとめてダウンロードすることもあります。また、セール時期など、大量に購入が行われる時期には領収書を作る機能にもより負荷がかかります。こういった背景から、非同期処理として実装することが望ましいと考えました。そして、既存のアプリケーションと疎結合に連携し、すばやく機能開発を進められることから、サーバーレステクノロジーを採用するのが最善であると考えました。

　今回は、図5.4のように、Amazon SQSとAWS Lambda、そしてAmazon S3を組み合わせて実現します。具体的に説明します。

図5.4 サーバーレスを利用したワークロードの構成例

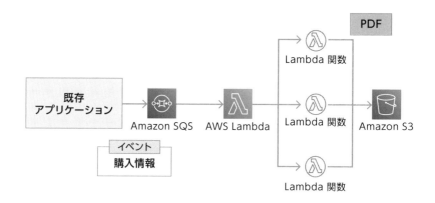

まず、既存アプリケーションから、領収書機能のAmazon SQSに領収書の作成依頼メッセージを送ります。作成依頼メッセージとは「購入情報」を含むイベントとも言えます。ユーザーが書籍を購入すると、この Amazon SQSにどんどん領収書の作成依頼メッセージがたまっていきます。年末年始などに年賀状を送るときに、ハガキを郵便ポストに投函するようなイメージでしょうか[注16]。

Amazon SQSに領収書の作成依頼メッセージが送られると、次に領収書を作成するAWS Lambda関数が実行されます。PDFを生成する処理は公開されているライブラリなどを使って実装できます。ポイントは、Amazon SQSに送られた領収書の作成依頼メッセージをAWS Lambdaが非同期に処理をすることです。そして、AWS Lambda関数によって生成されたPDFをAmazon S3バケットに保存します。いかがでしょうか。ここからは、このアーキテクチャに対して確認するべき考慮点を検討していきましょう。

5.4.1 | 大規模リクエストに対応できるか

まずは、セール期間中など、大規模に領収書の作成依頼メッセージが送られる場合を検討します。すべての領収書の作成依頼メッセージはAmazon SQSキューに送信されます。Amazon SQSの標準キューは、1秒あたり、ほぼ無制限のAPI実行をサポートしているため、問題なさそうです。そして、PDFを生成するAWS Lambda関数も、図5.5のようにAmazon SQSのメッセージ数に応じて自動的にスケールします。サーバーレスのメリットとしても挙げた「柔軟なス

第1章

第2章

第3章

第4章

第5章

第6章

第7章

第8章

第
5
章
サーバーレスやコンテナテクノロジーによる運用改善

ケーリング」の代表的な例と言えます。

より細かく検討するならば、AWSアカウントごとにリージョンの同時実行数
が設定されているため、設定を見直す必要があったり、AWS Lambdaの1回の
実行に対して何件の領収書の作成依頼メッセージを含めるかという「バッチサイ
ズ」という設定を調整することで、より柔軟な処理を実現できます。逆に深夜帯
など、領収書の作成依頼メッセージが送られてこないような時間帯はAWS
Lambda関数を実行しません。これはサーバーレスのメリットとして挙げた「価
値に見合った支払い」に繋がります。

図5.5 サーバーレスの柔軟なスケーリング

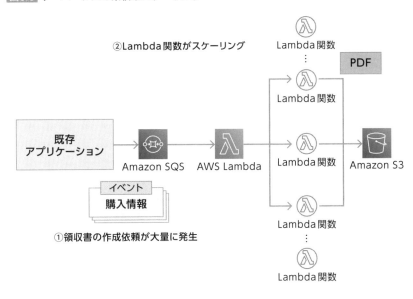

5.4.2 アプリケーションのエラーに対応できるか

領収書機能をリリースした後に、領収書のデザインを変えたり、領収書に載せ
る情報を増やしたりすることもあります。そのときにプログラムを修正します
が、予期せずプログラムにバグが混入してしまう可能性があります。バグを完全
に防ぐことはできないため、アプリケーションのエラーを前提にアーキテクチャ
を見直すことが重要です。

まず、Amazon SQSとAWS Lambdaを連携する場合、基本的にはAWS

Lambdaの処理が正常終了したときにAmazon SQSキューから該当するメッセージが消えるしくみになっています。逆に、AWS Lamdaの処理が異常終了した場合はどうなるのでしょうか。AWS Lambdaによって「他のクライアントから取得できない状態」にされた（受信ハンドルを取得したと言い換えることもできます）メッセージはそのままになってしまいます。しかし、可視性タイムアウトという設定があるため、その秒数が経過した場合はメッセージの処理に何かしらの異常が発生したと判断し、自動的に「他のクライアントから取得できない状態」が解除されます。言い換えると、異常終了になった場合は、Amazon SQSキューのメッセージ保管期間に達するまで前述の状態と解除を何度も繰り返すことになるため、開発者はAmazon SQS固有の障害対応をする必要はなく、なるべく早くプログラムを修正しAWS Lambda関数をデプロイするだけです。

図5.6 処理が異常終了した場合のメッセージの扱い

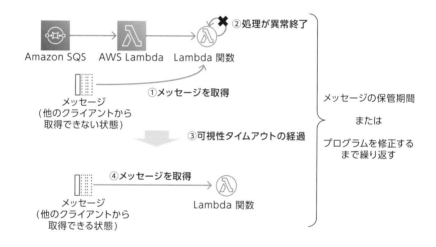

考えられるエラーはもう一種類あります。今度はプログラムのエラーではなく、メッセージそのものの誤りです。たとえば、メッセージが文字化けをしていたり、必要な情報を載せていなかったりする場合でしょうか。この場合は、そもそもプログラムに問題はないのですが、エラーが出てしまいます。流れとしては図5.6と同じで、「他のクライアントから取得できない状態」と可視性タイムアウトの経過による解除を繰り返しながら、同じエラーが出続けます。

この場合の対策は、誤ったメッセージをAmazon SQSキューから取り除くこ

第1章

第2章

第3章

第4章

第5章

第6章

第7章

第8章

とになります。アプリケーション側で実装もできますが、図5.7のように、Amazon SQSのDLQ（Dead Letter Queue）機能が使えます。これは、Amazon SQSキューのメッセージが指定回数処理されたら、DLQとして使う別のAmazon SQSキューにメッセージを移動できる機能です。名前にDead Letterとあるとおり、誤ったメッセージを溜めておく「退避キュー」のようなイメージです。開発チームとしては「なぜ誤っているのか」を分析しプログラムの修正を進めることができます。

　よって、障害対応用のAWS Lambda関数を専用に作っても良いですし、メッセージが誤っている理由を突き止め、正常に直したメッセージをAmazon SQSキューに戻すのも良いです。また、プログラムのバグが長期間続いてしまい、DLQに移動した場合は、DLQに溜まったメッセージをソースキューに戻して再処理する案もあります[注17]。

図5.7 DLQを用いた誤ったメッセージの処理

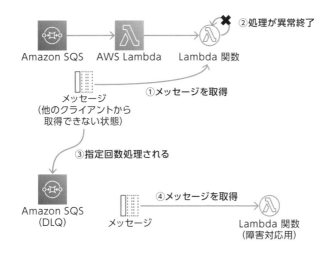

5.4.3 冪等性の考慮ができるか

　前述のとおり、Amazon SQSの標準キューは、1秒あたり、ほぼ無制限のAPI実行をサポートしています。言い換えると、どんなに大規模な領収書の作成依頼メッセージが同時に発生しても、メッセージを保存できることを意味しています。同時に、メッセージの取得としては「少なくとも1回（at-least-onceとも言い

ます)」となります。言い換えると、場合によっては、とある領収書の作成依頼メッセージが重複して実行される可能性があります。ユーザーの視点で考えると、とある書籍の領収書が2個できてしまう可能性があります。それでは困るため対応が必要です。こういった考慮を「冪等性の考慮」とも言います。どのようにすればよいのでしょうか。

　実現方法はさまざまありますが、一番簡単なのは、図5.8のように、生成するPDFのファイル名を何かしらの仕様で固定するアプリケーションの工夫でしょうか。今回の例ではシンプルに考えて「購入ID.pdf」という名前にします。ファイル名に生成日付などを付けてしまうと異なるファイルができてしまう可能性があるため、ファイル名を固定すれば、もし仮にメッセージが重複して実行された場合も同じファイルで上書きするだけです。おそらく業務上の問題にはなりません。このように、アプリケーション側で工夫をすることで対応できます。

図5.8 冪等性の考慮

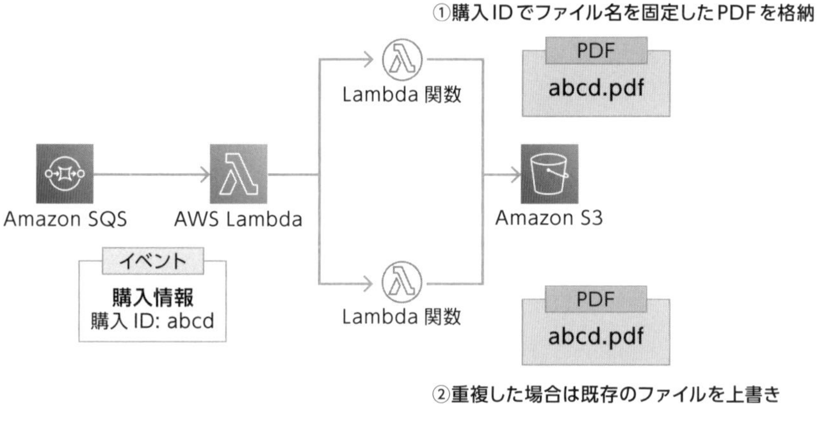

①購入IDでファイル名を固定したPDFを格納

PDF
abcd.pdf

Lambda 関数

Amazon SQS　　AWS Lambda　　Amazon S3

イベント
購入情報
購入ID: abcd

Lambda 関数

PDF
abcd.pdf

②重複した場合は既存のファイルを上書き

5.4.4　モニタリングできるか

　第4章でも紹介したとおり、アプリケーションの状況を可視化することは重要です。Amazon SQSにはさまざまなメトリクスがありますが、たとえば`ApproximateAgeOfOldestMessage`は、キューの中で最も古い削除されていないメッセージのおおよその経過期間を表します。よって、このメトリクスをモニタリングし、たとえば30分以上になっている場合は、領収書の作成が遅れている

第1章

第2章

第3章

第4章

第5章

第6章

第7章

第8章

ことを検知できます。

ApproximateNumberOfMessagesVisibleは、キューの中で取得可能なメッセージのおおよその件数を表します。Amazon SQSのDLQでこのメトリクスが取得できる場合は、何かしら処理できなかったメッセージがあることを検知できます。

AWS Lambdaでは、たとえばErrorsは異常終了になった件数を表します。領収書の作成が失敗している可能性があるため、Amazon CloudWatch Logsのログ情報などと照らし合わせながら、対応できます。機能ごとにダッシュボードを作っておくことにより、さまざまな状況を可視化できます。

5.4.5 | 拡張性はあるか

最後は拡張性です。今回は領収書機能の追加を例にしましたが、開発ロードマップを見ると、ほかにも機能開発の予定があります。たとえば今後、購入後にお知らせを通知をするしくみを追加する場合に、同じく購入したというイベントをきっかけに連携したい場合があります。しかし、これまでのアーキテクチャで拡張すると、既存アプリケーション側から複数のAmazon SQSなど、それぞれのサービスに対して同じメッセージを送信しなければいけません。これでは、既存アプリケーション側の負担が大きくなります。

そこで、メッセージを伝搬してくれる別のサービスを組み合わせる案があります。もし、そういった拡張性を前提に設計する場合は、図5.9のように、Amazon EventBridgeを組み合わせられます。Amazon EventBridgeはイベントバスとして利用でき、幅広くメッセージを後続に伝搬できるサービスです。このように拡張性を持たせることもできます。

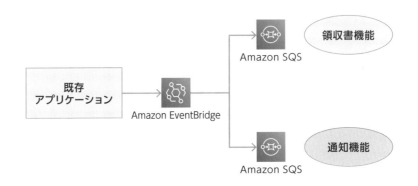

図5.9 イベントバスによる拡張

領収書機能

Amazon SQS

既存
アプリケーション

Amazon EventBridge

通知機能

Amazon SQS

　なお、メッセージを伝搬するサービスとしては、Amazon SNSも利用できます。詳細は、「8.4 メッセージング：サービス間の非同期コラボレーションの促進」を参照してください。

5.5　シナリオによる　コンテナワークロードの構成例

　具体的なシナリオとして、Sample Book Storeのロードマップとして検討をしていた「ポイント機能」の開発に着手することを考えます。ユーザーが書籍を購入した際にポイントが付与され、次回以降の書籍購入時に代金の一部としてポイントが利用できる機能です。この機能について、要件を整理して設計を考えてみましょう。

　まず、本機能についても「領収書機能」と同様に、Sample Book Storeの中心的な機能から切り離すことで負荷の軽減や開発効率の向上を狙います。要件としては、ポイントの付与や消費、現在のポイント残高や履歴の表示といった機能が必要です。また、ポイント機能は購入処理や会員情報の表示など、さまざまな機能から利用されることが想定されます。現時点では、Sample Book Storeの中心的な機能はモノリシックなRuby on Railsアプリケーションで提供されており、このモノリシックアプリケーションのみがポイント機能と連携します。しかし、将来的にはマイクロサービスアーキテクチャの採用など、複数のサービスからポイ

ント機能が利用される状況も考えられます。そこで今回は、「3.3.5　APIファースト」の思想に沿って「ポイント機能」をAPIとして提供します。

　今回は、図5.10のように、コンテナテクノロジーを採用して「ポイント機能」を実現します。このシナリオでは、Amazon ECSとAWS Fargateを中心に、次のようなサービスや機能を組み合わせてアプリケーションを構成します。

- Amazon ECS
- Amazon ECR (Elastic Container Registry)[注18]
- AWS Fargate
- Amazon RDS
- Elastic Load Balancing
- AWS Application Auto Scaling
- Amazon CloudWatch

図5.10 コンテナを利用したワークロードの構成例

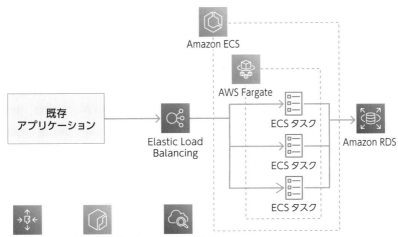

　ポイントの付与や消費、ポイント残高の表示といった処理が発生すると、既存アプリケーションから「ポイント機能」のAPIが呼び出されます。「ポイント機能」のアプリケーションでは、ポイント情報をAmazon RDSに保存します。ここでは、既存アプリケーションと疎結合にするため、既存アプリケーションとは異

なる Amazon RDS インスタンスを利用しています。続いて、このアーキテクチャに対して確認すべき考慮点を検討していきましょう。

5.5.1 大規模リクエストに対応できるか

　セール期間中や新刊の発売日など、大規模に書籍購入が行われる場合を検討します。この場合、購入処理から「ポイント機能」のAPIに対する大量のリクエストが想定されるため、負荷分散とスケーリングが重要な観点です。まず、APIは Elastic Load Balancing を経由して提供されているため、負荷分散については問題ありません。次に、スケーリングにはAWS Application Auto Scalingを利用しています。AWS Application Auto Scalingを利用することで、リクエスト数などのメトリクスに基づき Amazon ECS で実行するコンテナアプリケーションの数を自動で増減できます[注19]。このように、スケーリングについても問題はないため、大規模リクエストにも対応できます。

　なお、本シナリオではコンテナ実行環境に AWS Fargate を利用しているため、Amazon EC2を利用する場合と異なり、コンテナホストのスケーリングについては考慮が不要です。

5.5.2 アプリケーションのエラーに対応できるか

　このシナリオでは、「ポイント機能」は既存アプリケーションから独立したサービスとしてAPIを提供しています。アプリケーションのエラーが発生した場合は、APIのレスポンスにエラー情報が含まれる形でクライアント側に通知されるため、クライアント側で適切なエラーハンドリングを実装できます。

5.5.3 冪等性の考慮ができるか

　「ポイント機能」はAPIとして提供されるため、APIを利用するクライアント側でAPIの呼び出しがリトライされる可能性があります。そのため、それぞれのAPIで冪等性を考慮します。

　たとえば、ポイント残高の表示といった参照処理について考えてみましょう。ポイント残高は時間の経過により変化するため、「最新のポイント残高を返却する」というAPIを提供する場合、このAPIには冪等性がありません。しかし、基

66

注19）Amazon ECSでは「タスク」と呼ばれるリソース単位でコンテナを管理するため、厳密にはタスク数を増減しています。

第1章

第2章

第3章

第4章

第5章

第6章

第7章

第8章

本的には最新のポイント残高を取得したいケースがほとんどであるため、必ずしもポイント残高を表示するAPIが冪等である必要はありません。このようなケースでは、デフォルトでは最新のポイント残高を返却しつつ、/point?date=YYYYmmdd-HHMMSSのようにパラメータを付与することで特定の日時におけるポイント残高を返却するようにAPIを設計します。こうすることで、ユースケースを満たしつつ、冪等性のあるAPIも提供できるでしょう。

また、ポイントの付与や消費といった更新処理については、図5.11のように、API側で冪等性を担保します。ポイントの付与を例として挙げると、「ポイント付与API」のAPI定義として、購入IDのように購入情報を一意に特定するためのパラメータを定義しておきます。そして、購入情報を一意に特定するためのパラメータをデータベースのプライマリキーに設定することで、ある購入処理に対するポイントの更新処理を冪等な操作にできます。

図5.11 冪等な処理を行うAPI

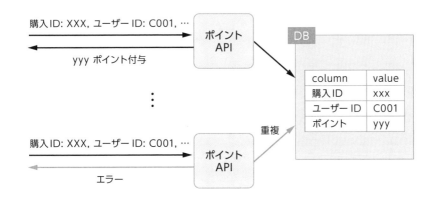

5.5.4 | モニタリングできるか

今回のシナリオで利用するElastic Load BalancingのApplication Load Balancerでは、第4章で紹介したREDメソッドのメトリクスがAmazon CloudWatchメトリクスに発行されます。よって、これらのメトリクスから「ポイント機能」のAPIが期待どおりに稼働しているかどうかを確認できます。また、CloudWatch Container Insightsを利用することで、これらのメトリクスから問題を検知した場合に調査をするためのデータとして、詳細なリソースメトリクスを取得できま

す。さらに、Amazon CloudWatch Logsへのログの集約やAWS X-Rayを利用したトレーシングデータの集約など、アプリケーションの状況を可視化するためのメトリクス以外のデータも容易に収集できます。

5.5.5 | 拡張性はあるか

　今回は、既存アプリケーションから独立したアプリケーションとして「ポイント機能」を設計しました。そのため、既存アプリケーションのアーキテクチャ構成やデータフローに影響を受けることなく、必要に応じてポイント関連の機能を追加できます。また、ポイント機能はAPIとして提供するため、APIの実処理を行うアプリケーション部分は必要に応じて再構成ができます。たとえば、図5.12のように、APIとして既存アプリケーションへのインターフェースを維持したまま、実処理を行うアプリケーション部分をコンテナからサーバーレスに置き換えることもできます。

図5.12 APIバックエンドの置き換え

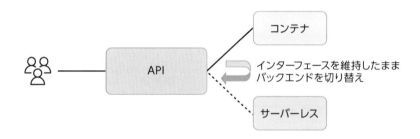

アクティビティ **Amazon ECS と Amazon EKS の使い分け**

　「5.3 サーバーレスとコンテナのワークロード比較」では、コンテナサービスとしてAmazon ECSとAmazon EKSを紹介しましたが、今回のシナリオでは「より運用をシンプルにする」という目的でAmazon ECSを採用しています。もちろん、ユースケースによってはAmazon EKSが適切な場合もあります。ここで、少しだけAmazon EKSについて説明すると、Amazon EKSはKubernetes[20]というオープンソースのコンテナオーケストレーションの実行を容易にするマネージド型のサービスです。たとえば、Kubernetesでの利用を前提としたツールやソリューションをサービスに導入し

　注20）https://github.com/kubernetes/kubernetes

第1章

第2章

第3章

第4章

第5章

第6章

第7章

第8章

たい、というユースケースを想定します。Kubernetesは非常に活発なコミュニティを
持っており、Kubernetes自身はもちろんKubernetesに関連したツールやソリュー
ションも開発が活発に行われています。さらに、独自の拡張機能をKubernetes上に
実装することもできます。そのため、Kubernetesに関連したツールやソリューショ
ン、そして拡張機能を用いて柔軟にアーキテクチャを構成したいユーザーには
Amazon EKSがマッチするでしょう。

　読者のみなさんのチームでは、Amazon ECSとAmazon EKSをどのように使い分
けますか。ぜひ考えてみましょう。

5.6 まとめ

　本章では、サーバーレステクノロジーやコンテナテクノロジーを使うことで、
どのようにアプリケーションを改善できるのかを紹介しました。そして、
Sample Book Storeの具体的なシナリオでは、サーバーレステクノロジーを使っ
た「領収書機能」とコンテナテクノロジーを使った「ポイント機能」を紹介し、要
件にあったテクノロジーを選択する考え方を紹介しました。サーバーレスやコン
テナは、どちらもモダンアプリケーション化において重要なテクノロジーです。
もちろん、サーバーレスとコンテナを組み合わせることもできますし、逆に言え
ば、サーバーレスやコンテナを使えば必ずしもモダンアプリケーションになると
いうことでもありません。アプリケーションの要件にあったテクノロジーを選択
し、モダンアプリケーション化を進めることが重要です。

　次章では、継続的インテグレーション (CI) と継続的デリバリー (CD) を紹介し
ます。

第6章

CI/CDパイプラインによる
デリバリーの自動化

6.1 継続的インテグレーションと継続的デリバリー（CI/CD）

6.2 パイプライン・ファーストという考え方

6.3 CI/CDツールに求める機能と要件

6.4 シナリオによるCI/CDの構成例

6.5 CI/CDパイプラインのさらなる活用

6.6 まとめ

アプリケーションコードは、本番環境にデプロイされ、新機能がリリースされることで初めてユーザーに価値をもたらします。新しいサービスの公開、新機能の追加、パフォーマンスの改善など、デプロイの目的はさまざまです。あるいは、あまり想像したくはありませんが、障害対応のために緊急のデプロイを要することもあるでしょう。いずれの場合においても、安全かつ迅速なデプロイの実現はビジネスにおいて重要です。第1章にて説明したように、モダンアプリケーションでは、アプリケーションの継続的なリリース、すなわち本番環境への頻繁なデプロイが必要です。そのため、従来よりも安全かつ迅速なデプロイの実現は重要な観点となります。

　本章では、アプリケーションを継続的にデリバリーするためのソフトウェア開発プラクティスである、継続的インテグレーション（CI：Continuous Integration）と継続的デリバリー（CD：Continuous Delivery）について説明します。また、実際に継続的インテグレーションと継続的デリバリーを行うCI/CDパイプラインの構築についても説明します。

6.1 継続的インテグレーションと継続的デリバリー（CI/CD）

　チームでアプリケーションを開発している場合、それぞれの開発者はアプリケーションリポジトリのメインブランチから独立して開発をします。開発の完了後、変更点をマージするためにメインブランチへプルリクエスト[注1]を出します。これは、GitHubやAWS CodeCommitといったソースコードを管理するプラットフォームやサービスを利用しているユーザーであれば、慣れ親しんだ方法ではないでしょうか。

　この方法は、複数の開発者が共同で開発をする際に効果的な方法ですが、気をつけるべき点もあります。それは、メインブランチへ変更点をマージする頻度です。図6.1のように、開発者がフィーチャーブランチ（機能ブランチ）で開発し、開発の完了後にメインブランチへプルリクエストを出すというブランチ運用の戦略をとっている場合を考えてみましょう。もし、数週間のような長い期間、フィーチャーブランチからメインブランチへのマージが行われない場合、メインブランチへ一度に取り込まれる変更点は巨大になります。こうしたブランチ戦略では、コンフリクトの発生によりマージが困難になったり、影響範囲の大きさか

注1）プルリクエストとは、あるブランチでのコード変更を他のブランチへマージする前に確認するための機能です。プルリクエストはGitの機能ではありませんが、GitHubやAWS CodeCommitなど多くのプラットフォームやサービスで機能として提供されています。

らレビューやテストが長期化したりするなど、アプリケーションのデリバリーが遅れる原因となります。また、小さなバグの修正がフィーチャーブランチでの開発の一部として対応されるようになれば、バグの修正に数週間を要することになるため、アプリケーションの品質を高めることが難しくなる状況も考えられます。

図6.1 フィーチャーブランチでの開発

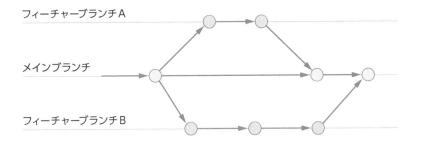

こうした状況を抑制し、アプリケーションの品質向上やリリースにかかる時間を短縮するためのプラクティスが継続的インテグレーションです。継続的インテグレーションでは、図6.2のように、より小さな変更をメインブランチへ取り込むことに焦点を当てます。すなわち、開発者はフィーチャーブランチで長い期間、開発をするのではなく、定期的に変更点をメインブランチへマージします。あるいは、フィーチャーフラグの導入などによりメインブランチへの取り込みとリリースのタイミングが分離している場合[注2]、開発者がメインブランチへ直接コミットするようなケースも考えられます。フィーチャーフラグの詳細については、「8.11 フィーチャーフラグ：新機能の積極的なローンチ」を参照してください。

第1章
第2章
第3章
第4章
第5章
第6章
第7章
第8章

第6章 CI/CDパイプラインによるデリバリーの自動化

注2) アプリケーションコードのデプロイと、新機能のリリース開始を異なるものとして説明しているドキュメントもあります。本節では、説明を簡潔にするためデプロイとリリースのタイミングが同じである前提で話を進めています。

図6.2 継続的インテグレーション

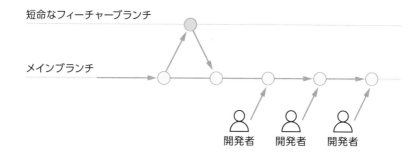

ブランチ戦略

　ソースコードリポジトリでどのようにブランチを構成するか、という戦略をブランチ戦略と呼びます。言い換えると、どのような目的でブランチを作成し、そのブランチをいつ、どのようにマージするかという戦略です。

　このブランチ戦略にはいくつか既存のパターンが存在しています。有名なパターンとして、「Git Flow」や「GitHub Flow」などがあります。これらのパターンを元にブランチ戦略を決めている現場も多いのではないでしょうか。

　パターンは便利ですが、開発しているソフトウェア、サービスにマッチするものかは慎重に検討する必要があるでしょう。

　たとえば、現在「develop」という名前の長命なブランチが「main」ブランチと並行して維持されている場合、「Git Flow」の影響を受けているかもしれません。しかし、本当に「develop」ブランチは必要でしょうか。

　Git Flowは、多くのバージョンを同時に維持する必要があるようなパッケージ製品では活用できることもありますが、CI/CDとの相性はよくないので、本書でテーマにしている「モダンアプリケーション」と呼ばれるスタイルとはマッチしません。そもそも、コードが長期間「インテグレーション」されないので、長命なブランチが複数ある時点で継続的インテグレーションとは言えない、という考え方もあります。

　「develop」ブランチは、本番環境に開発中の機能を入れたくない、または本番環境の検証に長時間要するため、その間開発を止めたくない、といったケースで採用されるかもしれません。しかし、その場合でも、長命なブランチを利用せずに対応できます（「トランクベース開発」のコラムで後述します）。

第1章

第2章

第3章

第4章

第5章

第6章

第7章

第8章

前述のように、ブランチ戦略では長命ブランチが増えれば増えるほど、マージにかかる工数や不整合も増えていきます。ブランチ戦略を考える際には、「このブランチの寿命はどのくらいか」や「このブランチをマージする際のコストはどのくらいか」といった点を考慮し、長命なブランチを最小限に抑えるようにしましょう。

変更点をメインブランチへ取り込む際には、テストやビルドによって変更点を検証することが欠かせません。継続的インテグレーションでは、メインブランチへのマージやコミットが頻繁に行われるため、テストやビルドを自動化する必要があります。そのため、継続的インテグレーションの実装においては、定期的に変更点をメインブランチへ取り込むことに加えて、自動的なテストやビルドの実行環境を構築するケースがほとんどです。

次に、継続的デリバリーについて説明します。継続的デリバリーとは、アプリケーションコードの変更をトリガーにして、自動的にテストやビルド、リリースの準備を実施するソフトウェア開発のプラクティスです。アプリケーションのデプロイプロセスが自動化されるため、デプロイにかかる時間が短縮し、より迅速に変更をリリースできます。また、チームにおけるデプロイの作業負荷が軽減されるため、開発者はアプリケーションの機能追加や改善に集中できます。その結果、開発の生産性向上も期待できます。

継続的インテグレーションおよび継続的デリバリーのプロセスは、図6.3のようにパイプラインとして考えることができます。アプリケーションコードの変更のたびにパイプラインの実行がトリガーされ、開発環境や本番環境などのアプリケーション実行環境に、テストを通過した成果物がビルドされてデプロイされます。このようなCI/CDパイプラインを構築することで、チームはアプリケーションの開発に集中しつつ、迅速なアプリケーションのデリバリーが可能となります。

図6.3 CI/CDパイプライン

　コラム「ブランチ戦略」でも触れたように、ブランチ戦略にはさまざまなものがあります。Sample Book Storeでは、継続的インテグレーションの実現を容易にするため、「8.11 フィーチャーフラグ：新機能の積極的なローンチ」のコラムで紹介する「トランクベース開発」をブランチ戦略として採用しました。その他の観点としては、チームの開発メンバーに広く浸透しているという理由で、「GitHub Flow」などのよく知られたパターンを採用することもあるでしょう。

　読者のみなさんのチームでは、どのような観点でブランチ戦略を決定しますか。ぜひ考えてみましょう。

6.2 パイプライン・ファーストという考え方

　CI/CDパイプラインは、それ自体がアプリケーションに機能を追加したり、バグを修正したりすることはありません。そのため、CI/CDパイプラインの構築作業は、アプリケーションの開発と比較して優先度が低くなることも少なくありません。では、CI/CDパイプラインはどのタイミングで構築すべきでしょうか。筆者は、開発の初期段階でのCI/CDパイプラインの構築を推奨します。これには、2つの理由があります。

　1点目は、自動化の恩恵を初めから享受できるという点です。開発の初期段階からCI/CDパイプラインを活用できれば、開発者は時間の多くをアプリケーションの開発に費やすことができるようになります。CI/CDパイプラインの構築はそれなりに労力がかかるため、単純に比較すると手動でのデプロイの方が簡単なケースは多いです。しかし、図6.4のように、手動でのデプロイを何度も繰り返すことを想定した場合はどうでしょうか。モダンアプリケーションでは、デプロイは頻繁に繰り返す作業となるため、CI/CDパイプラインの構築にかかる作業コストは容易に回収できます。このように、CI/CDパイプラインを構築するタイミングが早いほど、デプロイの自動化による恩恵が大きくなります。

第1章
第2章
第3章
第4章
第5章
第6章
第7章
第8章

図6.4 CI/CDパイプラインの恩恵

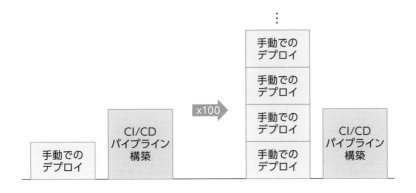

2点目は、組織やビジネスの成熟に伴って CI/CD パイプラインに機能が追加される際に、修正が容易になるという点です。CI/CDパイプラインに必要となる機能については、アプリケーションや組織によってさまざまです。単一アプリケーションのCI/CDパイプラインについて考えた場合でも、組織の成熟度やビジネスの成長に応じて変わることがあるでしょう。開発の初期段階からCI/CDパイプラインを構築しておくことで、組織の成熟度やビジネスの成長に応じてCI/CDパイプラインを少しずつ改善できるため、CI/CDパイプラインをゼロから構築するよりも作業は容易となります。

たとえば、組織の成熟に応じてデプロイに伴うプロセスが変化した状況を仮定しましょう。デプロイのプロセスが整備されるにつれて、パフォーマンスやUI（ユーザーインターフェース）テストのために、新たにステージング環境を追加するような状況が考えられます。デプロイに対してビジネス上の承認が必要となり、手動承認のステップを追加したくなる場合もあるでしょう。また、チケット管理システムと連携して「デプロイに対応したチケット」を更新する、デプロイというイベントをチャットツールなどの外部システムに通知する、といった他のシステムとの連携も想定されます。開発の初期段階でCI/CDパイプラインを構築しておけば、図6.5のように、これらの機能追加は既存のパイプラインに「小さな変更」として少しずつ適用できます。そのため、機能追加に伴うテスト工数の削減や、本番環境へのデプロイなど既存のプロセスへの影響といったリスクを抑えることにもつながります。

図6.5 CI/CDパイプラインへの要求の変化

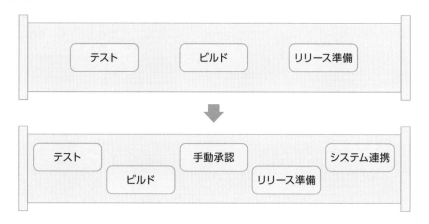

アクティビティ 「パイプライン・ファースト」という考え方

　本節では、2つの理由から開発の初期段階でCI/CDパイプラインを構築する「パイプライン・ファースト」という考え方を紹介しました。一方で、実際の開発現場では、他の作業を優先するためにCI/CDパイプラインの構築が遅れてしまう場合もあります。また、CI/CDパイプラインを構築しないまま本番リリースを迎えることになってしまったアプリケーションもあるかもしれません。このようなアプリケーションでは、手動でうまく行えていたデプロイプロセスを自動化することへのリスクや、CI/CDパイプラインの構築に発生するヒューマンリソースのコストなどを理由に、CI/CDパイプラインの構築が円滑に進まないこともあるでしょう。

　ただし、前述のようにCI/CDパイプライン自体は機能の追加やバグ修正といったアプリケーションの開発に直接関わるものではありません。そのため、たとえば本番リリースを間近に控えている場合や、CI/CDパイプラインの構築に十分な人手を割くことが難しい場合に、「パイプライン・ファースト」ではなくアプリケーションの開発を優先するケースも考えられます。

　読者のみなさんの組織では、「パイプライン・ファースト」という考え方をどのように評価しますか。また、「パイプライン・ファースト」を実現するにあたり、どのような懸念がありますか。ぜひ考えてみましょう。

第1章

第2章

第3章

第4章

第5章

第6章

第7章

第8章

6.3 CI/CDツールに求める機能と要件

CI/CDパイプラインの実装においては、アプリケーションや組織が必要とする機能を提供しているツールを利用してパイプラインを構築します。ここでは、一般的にCI/CDパイプラインで必要となる機能について紹介します。

6.3.1 継続的インテグレーション（CI）に必要な機能

はじめに、継続的インテグレーション（CI）について、必要となる機能を整理します。継続的インテグレーションでは、定期的に変更点をメインブランチへマージするために自動的なテストやビルドの実行が不可欠です。そのため、まずはパイプラインの後続処理で利用するソースコードを取得する機能が必要となります。続いて、アプリケーションのテストを実行するためのCIサーバーが必要です。

なお、この時点での「テスト」は、アプリケーションコードの特定の部分が期待されているように実行することを確認するユニットテストを意図しています。ユニットテストを実施するためには、たとえばRubyの場合はRakeによるタスクの実行やBundlerによる依存ライブラリの取得など、各種コマンドを実行可能な環境がCIサーバー上で必要となります。この際、ユニットテストと一緒に、RubyにおけるRuboCopのような静的コード解析と呼ばれるツールを実行するケースもあります。

最後に、ユニットテストや静的コード解析をパスしたアプリケーションコードに対してビルドを実行し、成果物としてビルドアーティファクトを作成します。これは、コンテナイメージやAWS Lambda関数のパッケージの作成が該当します。

6.3.2 継続的デリバリー（CD）に必要な機能

次に、継続的デリバリー（CD）について、必要となる機能を整理します。継続的デリバリーでは、アプリケーションのデプロイプロセスを自動化します。デプロイの対象となるアプリケーションは、継続的インテグレーションのステップの

中でビルドアーティファクトが作成されているため、継続的デリバリーのステップではこれを利用してデプロイを進めていきます。ここで、アプリケーションのデプロイはアプリケーションの実行環境や利用しているサービスにより異なります。たとえば、Amazon EC2で実行されているアプリケーションであれば、実行中のAmazon EC2インスタンスに新しいビルドアーティファクトを配置することでデプロイが行われます。コンテナであれば、Amazon ECSのリソースや、Amazon EKSが管理するKubernetesのリソース中で指定しているコンテナイメージを新しいものに置き換えることでデプロイが行われます。サーバーレスであれば、Lamdba関数のパッケージを更新することでデプロイが行われます。コンテナやサーバーレスのデプロイは、APIを実行することで実施しているケースが多いでしょう。

　アプリケーションのデプロイでは、稼働中のサービスに影響を与えることなく、アプリケーションを新しいビルドアーティファクトに置き換えることが重要です。もし、デプロイのたびにサービスが中断する、あるいはサービスの可用性が低下するような状態であれば、デプロイを頻繁に行うことは難しくなるでしょう。そのため、継続的デリバリーにおいては、稼働中のサービスに影響を与えないようにデプロイをするための機能が必要となります。

　例を挙げてみましょう。図6.6に示すローリングデプロイは、新しいバージョンのアプリケーションを段階的に導入するデプロイ方法です。以下のような流れでアプリケーションのデプロイが進むため、すべてのアプリケーションがデプロイ中であるため応答できずサービスが中断してしまった、という状況を避けることができます。また、デプロイ中に稼働しているアプリケーションの総数を維持するようにアプリケーションの置き換えを進めるような設定をすれば、サービスの可用性にも影響を与えません。

1. 新しいバージョンのアプリケーションをデプロイし、アプリケーショングループ[注3]に追加
2. 古いバージョンのアプリケーションをアプリケーショングループから削除し、アプリケーションを停止
3. 以降、すべてのアプリケーションが新しいバージョンに置き換わるまで手順1と手順2を繰り返す

　注3) 本書では、あるアプリケーションが動いているサーバーやコンテナのまとまりをこのように呼んでいます。

第1章
第2章
第3章
第4章
第5章
第6章
第7章
第8章

図6.6 ローリングデプロイ

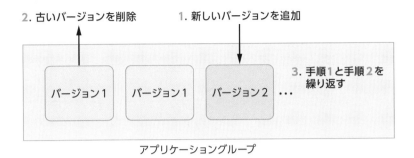

2. 古いバージョンを削除　　**1. 新しいバージョンを追加**

3. 手順1と手順2を繰り返す

バージョン1　　バージョン1　　バージョン2　…

アプリケーショングループ

　このほかにも、Blue/Greenデプロイ[注4]を利用して稼働中のサービスに影響を与えないようにデプロイすることもできます。すなわち、継続的デリバリーでは、ローリングデプロイやBlue/Greenデプロイを実行する機能が必要になります。これは、単にデプロイ用のAPIを実行するだけで済む場合もあれば、アプリケーションの追加やトラフィックの切り替えといったデプロイ処理をCI/CDパイプラインの処理の一部として実施する必要がでてくる場合もあります。

　ここまで、継続的インテグレーションと継続的デリバリーに必要な機能を整理しました。これをCI/CDパイプラインとして整理すると図6.7のようになります。なお、一般的にCI/CDパイプラインでは、いくつかの処理をまとめた「ステージ」を複数並べることで構成されます。このように「ステージ」として構造化することで、CI/CDパイプラインを小さく始めて、後から拡張がしやすくなります。

図6.7 CI/CDパイプラインに必要となる機能

ソース**ステージ**	ビルド**ステージ**	デプロイ**ステージ**
ソースコードの取得	ユニットテスト 静的コード解析 アプリケーションビルド	ローリングデプロイ Blue/Greenデプロイ

第6章　CI/CDパイプラインによるデリバリーの自動化

注4) https://docs.aws.amazon.com/whitepapers/latest/overview-deployment-options/bluegreen-deployments.html

また、このようなCI/CDパイプラインをアプリケーションリポジトリの更新に応じて自動的に実行するために、アプリケーションリポジトリと連携したツールやサービスを利用してCI/CDパイプラインを構築します。たとえば、ソースコードをGitHubで管理している場合はGitHub Actionsを、ソースコードをAWS CodeCommitで管理している場合はAWS CodePipelineを利用することで、リポジトリと同じプラットフォーム上でCI/CDパイプラインを実行できます。またGitHubとAWS CodePipelineを連携させるなど、異なるサービスやプラットフォームを柔軟に組み合わせることもできます。実際にCI/CDパイプラインを構築する際は、このようにアプリケーションリポジトリとCI/CDパイプラインの連携を意識してツールやサービスを選定してください。

6.4 シナリオによるCI/CDの構成例

　第5章にて、シナリオの例としてサーバーレスとコンテナを採用したワークロードの構成を説明しました。本節では、それぞれのワークロードについてCI/CDパイプラインの構成がどのようになるのか、具体的な例を用いて説明します。

　サーバーレスとコンテナのパイプラインを説明する前に、現在のSample Book StoreアプリケーションのCI/CDパイプラインを紹介します。第2章にて紹介したように、現在のSample Book StoreアプリケーションはAmazon EC2上で稼働しており、自動的なテストやビルドの実行、デプロイにはJenkinsを利用しています。CI/CDパイプラインは図6.8のように構成されています。

図6.8 Jenkinsを利用したデプロイ

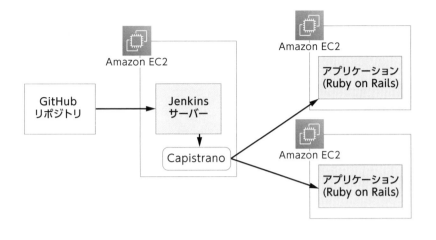

それでは、Sample Book Storeアプリケーションにおいて、この構成がサーバーレスやコンテナのワークロードではどのように変化するのか、具体的な例を見ていきましょう。

6.4.1 | サーバーレスワークロードのCI/CDパイプライン

ここでは、第5章で紹介した領収書機能のシナリオを使って、サーバーレスワークロードのCI/CDパイプライン構成例を検討します。まず、領収書機能のアーキテクチャを図6.9にて振り返ります。大きく以下の3種類のAWSサービスを使っていました。

- Amazon SQSキュー（メッセージを保存する）
- AWS Lambda関数（領収書PDFを生成する）
- Amazon S3バケット（領収書PDFを保存する）

図6.9 領収書機能のアーキテクチャ

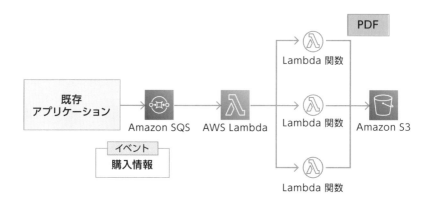

よって、継続的にデプロイをするCI/CDパイプライン化の対象としては、以下のように大きく2種類に分類できます。どちらもマネジメントコンソール[注5]を使ってデプロイはできますが、一貫したプロセスをパイプラインに任せるべきです。

- インフラストラクチャのデプロイ（たとえば、Amazon SQSキューの構築やパラメータの変更）
- アプリケーションのデプロイ（たとえば、AWS Lambda関数の構築やプログラムの変更）

AWS CloudFormationとは

まず、各種AWSサービスの構築を自動化するためのAWSサービスとしてAWS CloudFormation[注6]を紹介します。AWS CloudFormationでは、YAMLやJSONというフォーマットで宣言的な記述をすることで、AWSサービスを簡単にモデル化し、構築そして管理できます。

具体例を挙げましょう。以下のYAMLファイルはAmazon S3バケットを作成するAWS CloudFormationテンプレートです。注目する点は`Type: AWS::S3::Bucket`で、これはAmazon S3バケットを作りたいという期待値を宣言しています。また、その下にある`Properties`によって、具体的なパラメータも宣言できます。今回はシンプルにAmazon S3バケット名だけを載せていますが、とても簡単な記述でAWSサービスの構築を自動化できることが伝わるのではないでしょう

注5）AWSのシンプルなウェブインターフェースです。
注6）https://aws.amazon.com/jp/cloudformation/

第1章

第2章

第3章

第4章

第5章

第6章

第7章

第8章

第
6
章
CI/CDパイプラインによるデリバリーの自動化

か。なお、ほかのパラメータについてはドキュメント[注7]を参照してください。

```
AWSTemplateFormatVersion: '2010-09-09'

Resources:
  Bucket:
    Type: AWS::S3::Bucket
    Properties:
      BucketName: my-bucket
```

　もう1つ具体例を挙げましょう。以下のYAMLファイルはAmazon SQS
キューを作成するAWS CloudFormationテンプレートです。同じく注目する点
はType: AWS::SQS::Queueで、これはAmazon SQSキューを作りたいという期待
値を宣言しています。その下にあるPropertiesによって、Amazon SQSキュー
名とメッセージ受信待機時間をパラメータとして宣言しています。同じくとても
簡単な記述でAWSサービスの構築を自動化できるのではないでしょうか。な
お、ほかのパラメータについてはドキュメント[注8]を参照してください。

```
AWSTemplateFormatVersion: '2010-09-09'

Resources:
  Queue:
    Type: AWS::SQS::Queue
    Properties:
      QueueName: my-queue
      ReceiveMessageWaitTimeSeconds: 20
```

AWS SAMとは

　AWS CloudFormationを使えば、Amazon S3バケットやAmazon SQSキュー
を簡単に宣言し、自動的に構築できることがわかりました。同様にAWS
CloudFormationを使ってAWS Lambda関数も作れますが、今回はAWS SAM
（Serverless Application Model）を使った方法を紹介します。先ほどは、AWS
CloudFormationの比較的簡単な例を紹介しましたが、とくにAWS Lambda関
数や関連するイベント設定など、サーバーレスサービスを組み合わせる場合、
AWS CloudFormationテンプレートの記述が長くなってしまう可能性もありま
す。アプリケーションコードと同じく、記述が長くなってしまうと、可読性の悪

さに繋がることもあります。

　AWS SAMには多くの機能がありますが、ここで紹介する機能は「AWS CloudFormationテンプレートの拡張構文としてのAWS SAM」です。具体例を挙げましょう。以下のYAMLファイルは先ほどの例と似ています。今回注目する点はType: AWS::Serverless::Functionです[注9]。もともとAWS CloudFormationにはType: AWS::Lambda::Functionがありますが[注10]、それとは異なるType: AWS::Serverless::Functionを使っています。これがAWS SAMによる拡張構文です。通常は使えないTypeですが、YAMLの冒頭にTransformというマクロを宣言することにより実現しています。すると、宣言の後半にEventsとSQSEventがあるとおり、AWS Lambda関数を呼び出すトリガー設定としてAmazon SQSキューを紐付けることも簡単に宣言できるようになります。

```yaml
AWSTemplateFormatVersion: '2010-09-09'
Transform: AWS::Serverless-2016-10-31

Resources:
  Queue:
    Type: AWS::SQS::Queue
    Properties:
      QueueName: modern-book-recipt-requests
      VisibilityTimeout: 30
      ReceiveMessageWaitTimeSeconds: 20
      RedrivePolicy:
        deadLetterTargetArn: !GetAtt DeadLetterQueue.Arn
        maxReceiveCount: 5

  DeadLetterQueue:
    Type: AWS::SQS::Queue
    Properties:
      QueueName: modern-book-recipt-requests-dlq
      VisibilityTimeout: 30
      ReceiveMessageWaitTimeSeconds: 10

  Function:
    Type: AWS::Serverless::Function
    Properties:
      FunctionName: modern-book-receipt-generator
```

注9) https://docs.aws.amazon.com/ja_jp/serverless-application-model/latest/developerguide/sam-resource-function.html
注10) https://docs.aws.amazon.com/AWSCloudFormation/latest/UserGuide/aws-resource-lambda-function.html

第1章
第2章
第3章
第4章
第5章
第6章
第7章
第8章

```
    CodeUri: receipt-generator/
    Handler: app.lambda_handler
    Role: !Sub "arn:aws:iam::${AWS::AccountId}:role/modern-book-receipt-generator"
    Runtime: python3.9
    Events:
      SQSEvent:
        Type: SQS
        Properties:
          Queue: !GetAtt Queue.Arn
          BatchSize: 10
          MaximumBatchingWindowInSeconds: 0

Bucket:
  Type: AWS::S3::Bucket
  Properties:
    BucketName: modern-book-recipts
```

　またAWS SAMにはAWS CloudFormationのビルドやデプロイを一貫した操作で行うためのコマンドとしてAWS SAM CLI[注11]が用意されています。たとえば、sam buildコマンドを実行すると、アプリケーションの依存関係を解決しアーティファクトをZIPファイルにまとめます。そしてsam deployコマンドを実行すると、AWS CloudFormationのしくみを使ってデプロイします。

```
$ sam build
$ sam deploy
```

　言い換えると、YAMLファイルに必要なAWSサービスの定義を宣言し、AWS SAM CLIを使ってAWS CloudFormation経由でデプロイをすることで、簡単にデプロイできるしくみが整ったと言えます。

GitHub Actionsとは

　さて、ここまででAWS SAMを使って、簡単にデプロイできるようになりました。しかし、現状ではsam buildコマンドやsam deployコマンドを開発者が手動で実行する必要があり、まだパイプラインに組み込めていません。そこで、今回は図6.10のように、CI/CDパイプラインの選択肢の1つであるGitHub Actions[注12]とAWS SAMを組み合わせた例を紹介します。GitHub Actionsは、GitHubリポ

注11）https://docs.aws.amazon.com/ja_jp/serverless-application-model/latest/developerguide/serverless-sam-cli-
　　　command-reference.html
注12）https://github.co.jp/features/actions

ジトリに紐付いたCI/CDパイプラインサービスで、GitHub上でデプロイを自動化できます。また、後述するAWS SAMとの連携機能も提供されていることから、使いやすさの面でも採用しました。

図6.10 GitHub Actionsを用いたCI/CDパイプライン

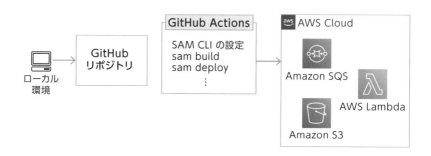

　GitHub Actionsでは、構築するパイプライン設定を.github/workflows/sam.yamlなどのファイルに記載します[注13]。以下に例を載せます。パイプラインの流れとしては、コードを取得してからPython環境をセットアップし、AWS SAM CLIをセットアップしています[注14]。次にAWS SAMを使ってデプロイするために必要な権限をアクセスキーで指定します。最後は、先ほど紹介したsam build コマンドやsam deployコマンドを実行しています。本シナリオでのGitHub Actionsの処理を図6.11で整理しています。このようなCI/CDパイプラインを構築することで、開発者はアプリケーションの開発に集中でき、すばやくサーバーレスアプリケーションをデプロイできます。

　なお、アクセスキーはGitHub Actionsの設定にあるActions secrets（暗号化されたシークレット）[注15]に設定しています。

```
name: Build

on:
  push:
    branches:
      - main
  pull_request:
    branches:
```

注13) https://docs.github.com/ja/actions/using-workflows/workflow-syntax-for-github-actions
注14) https://github.com/aws-actions/setup-sam
注15) https://docs.github.com/ja/actions/security-guides/encrypted-secrets

第1章

第2章

第3章

第4章

第5章

第6章

第7章

第8章

```
      - main

jobs:
  build-and-deploy:
    runs-on: ubuntu-latest
    steps:
      - uses: actions/checkout@v2
      - uses: actions/setup-python@v2
      - uses: aws-actions/setup-sam@v1
      - uses: aws-actions/configure-aws-credentials@v1
        with:
          aws-access-key-id: ${{ secrets.AWS_ACCESS_KEY_ID }}
          aws-secret-access-key: ${{ secrets.AWS_SECRET_ACCESS_KEY }}
          aws-region: ${{ secrets.AWS_DEFAULT_REGION }}
      - run: sam build --use-container
      - run: sam deploy --no-confirm-changeset --no-fail-on-empty-changeset
--stack-name modern-book-receipt --s3-bucket modern-book-receipt-sam-bucket
--capabilities CAPABILITY_IAM --region ${{ secrets.AWS_DEFAULT_REGION }}
```

図6.11 サーバーレスシナリオでのCI/CDパイプラインの処理

ソースステージ	ビルドステージ	デプロイステージ
ソースコードの取得	SAM CLIの設定 認証情報の設定 sam build	sam deploy

GitHub ActionsからIAMロールを利用する

先ほどは、簡単な例としてGitHub ActionsのActions secretsを使ってアクセスキーを使うことにより、AWSサービスの操作を実現していました。Actions secretsはGitHub側で暗号化されていますが、アクセスキーに紐づくAWS IAM（Identity and Access Management）ポリシーも必要最低限の権限付与に留めることが重要です。しかし、特定のAWS IAMユーザーに紐づく固定のアクセスキーをGitHub Actionsのようなサービスに設定する運用にはまだ懸念が残ります。

そこで、GitHub ActionsでサポートされているOpenID Connectを使ったしくみ[注16]を組み合わせることで、AWS IAM Roleから一時的なアクセスキーを取得できるようになります。

以下の例では、もともと`aws-access-key-id`と`aws-secret-access-key`を設定していたところが`role-to-assume`に変わっています。このようにGitHub Actionsに固定のアクセスキーを設定する必要がなくなり、よりセキュアに運用できます。

```
name: Build

on:
  push:
    branches:
      - main
  pull_request:
    branches:
      - main

permissions:
  id-token: write
  contents: read

jobs:
  build-and-deploy:
    runs-on: ubuntu-latest
    steps:
      - uses: actions/checkout@v2
      - uses: actions/setup-python@v2
```

注16）https://docs.github.com/en/actions/deployment/security-hardening-your-deployments/about-security-hardening-with-openid-connectamazon-web-services

第1章
第2章
第3章
第4章
第5章
第6章
第7章
第8章

```
    - uses: aws-actions/setup-sam@v1
    - uses: aws-actions/configure-aws-credentials@v1
      with:
        role-to-assume: ${{ secrets.AWS_ROLE_ARN }}
        aws-region: ${{ secrets.AWS_DEFAULT_REGION }}
    - run: sam build --use-container
    - run: sam deploy --no-confirm-changeset --no-fail-on-empty-changeset
--stack-name modern-book-receipt --s3-bucket modern-book-receipt-sam-bucket
--capabilities CAPABILITY_IAM --region ${{ secrets.AWS_DEFAULT_REGION }}
```

　なお、本書では詳細に説明しませんが、このしくみを実現するためにはAWS IAM側で
IDプロバイダ（OpenID Connect）とAWS IAM Roleの設定が必要です。詳しくはドキュ
メント[注17]を参照してください。

6.4.2　コンテナワークロードのCI/CDパイプライン

　ここでは、第5章で紹介したポイント機能のシナリオを使って、コンテナワー
クロードのCI/CDパイプライン構成例を検討します。再掲となりますが、ポイ
ント機能のアーキテクチャを図6.12にて振り返ります。次のようなサービスや機
能を組み合わせてアプリケーションを構成していました。

- Amazon ECS
- Amazon ECR
- AWS Fargate
- Amazon RDS
- Elastic Load Balancing
- AWS Application Auto Scaling
- Amazon CloudWatch

図6.12 ポイント機能のアーキテクチャ

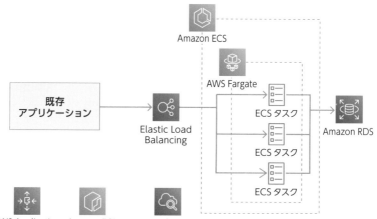

「6.4.1 サーバーレスワークロードのCI/CDパイプライン」にて説明したとおり、パイプライン化の対象としては「インフラストラクチャのデプロイ」と「アプリケーションのデプロイ」が考えられます。

「インフラストラクチャのデプロイ」については、前項で紹介したAWS CloudFormationを利用して、Amazon RDSのDBインスタンスやElastic Load Balancingのロードバランサといった AWSリソースを作成できます。作成対象のAWSリソースは異なりますが、AWS CloudFormationテンプレートにリソース情報を定義し、テンプレートを元にAWSリソースを作成するという流れはサーバーレスの場合と同じであるため、ここでは詳細な説明は割愛します。本項では、「インフラストラクチャのデプロイ」が完了しているという前提で、「アプリケーションのデプロイ」について詳しく見ていきます。

まずは、Amazon ECSで実行されるコンテナワークロードにおいて、継続的インテグレーションおよび継続的デリバリーを実現するためにどのような機能が必要となるのかを整理しましょう。

継続的インテグレーションの観点から、ソースコードを取得する機能と、テストとビルドのステップが必要です。テストについて、今回はユニットテストと静的コード解析ツールを実行できる環境を用意することにします。テスト環境を用意するためには依存関係の解決が必要ですので、テストの前に必要な依存ライブラリを取得します。また、成果物としてビルドアーティファクトを作成する必要

があります。今回はコンテナワークロードですので、コンテナイメージを作成し、作成したコンテナイメージをAmazon ECRリポジトリに保存します。

次に、継続的デリバリーの観点から、Amazon ECSで実行されるコンテナワークロードに対するデプロイプロセスを整理します。ここで、Amazon ECSにおけるリソースの概念について簡単に説明します。Amazon ECSでは、クラスターと呼ばれる論理的な境界の中に、タスクと呼ばれるコンテナの実行単位となるリソースを作成することでコンテナアプリケーションを実行します。コンテナの種類や設定を定義したタスク定義というリソースを作成し、タスク定義を基にタスクを実行します。また、タスクは開始・実行・停止という一方向のライフサイクルを持っているため、一定数のタスクを実行しておくためにサービスというリソースがあります。

- Amazon ECSクラスター
- Amazon ECSタスク
- Amazon ECSタスク定義
- Amazon ECSサービス

これらを整理すると、図6.13のような関係になります。

図6.13 Amazon ECSのリソース関係

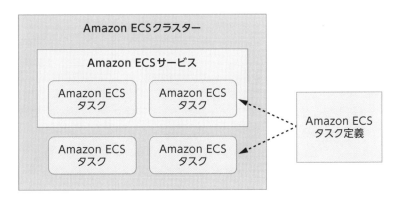

ポイント機能のように、長時間実行されるアプリケーションにはAmazon ECSサービスを利用します。そのため、今回のシナリオにおける「アプリケー

第1章
第2章
第3章
第4章
第5章
第6章
第7章
第8章

第6章 CI/CDパイプラインによるデリバリーの自動化

ションのデプロイ」では、次の操作をする必要があります。

1. コンテナイメージリポジトリ（例：Amazon ECR）にコンテナイメージを保存
2. 手順1で保存したコンテナイメージを利用する、新しいAmazon ECSタスク定義を作成
3. 手順2で作成したAmazon ECSタスク定義を利用するようにAmazon ECSサービスを更新

これらを整理すると、図6.14のような手順になります。

図6.14 Amazon ECSサービスの更新手順

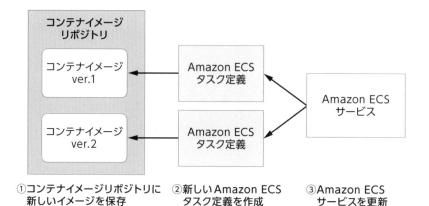

① コンテナイメージリポジトリに新しいイメージを保存　② 新しいAmazon ECSタスク定義を作成　③ Amazon ECSサービスを更新

　なお、「6.3 CI/CD ツールに求める機能と要件」でも触れたように、稼働中のサービスに影響を与えずにデプロイをすることが重要です。Amazon ECSサービスでは、ローリングデプロイやBlue/Greenデプロイがサポートされています。そのため、デプロイにおいてはAmazon ECSサービスを更新するAPIを実行するだけで、稼働中のサービスに影響を与えずにデプロイができます。

　ここまでの内容を整理すると、今回のシナリオではCI/CDパイプラインに次の機能が必要だとわかりました。前項では、GitHub Actionsを利用してCI/CDパイプラインを構築しましたが、本項ではAWSサービスを組み合わせてCI/CDパイプラインを構築していきます。

- ソースコードの取得
- 依存関係の解決
- ユニットテストの実行
- 静的コード解析ツールの実行
- コンテナイメージの作成
- Amazon ECR リポジトリへコンテナイメージの保存
- Amazon ECS タスク定義の作成
- Amazon ECS サービスの更新

AWS CodeBuildとは

まず、テストとビルドのステップを実行するためのAWSサービスとしてAWS CodeBuild[注18]を紹介します。AWS CodeBuildを使うと、自身でCIサーバーを管理することなく、テストやビルドを実行するための環境が利用できます。

AWS CodeBuildでは、オペレーティングシステムやプログラミング言語ランタイムなどのビルド環境をあらかじめ設定しておき、ビルド時の実行コマンドをbuildspecファイルと呼ばれるYAML形式のファイルで定義します。以下の例は、「依存関係の解決」「ユニットテストの実行」「静的コード解析ツールの実行」「コンテナイメージの作成」「Amazon ECR リポジトリへコンテナイメージの保存」といった処理を行うbuildspecファイルです。

```
version: 0.2

phases:
  install:
    commands:
      # 依存関係の解決
      - bundle install
  pre_build:
    commands:
      # ユニットテストの実行
      - bundle exec rspec
      # 静的コード解析ツールの実行
      - bundle exec rubocop
  build:
    commands:
```

第1章

第2章

第3章

第4章

第5章

第6章

第7章

第8章

第
6
章
CI/CDパイプラインによるデリバリーの自動化

```
    # Amazon ECR にログイン
    - aws ecr get-login-password --region $AWS_DEFAULT_REGION | docker login
--username AWS --password-stdin $AWS_ACCOUNT_ID.dkr.ecr.$AWS_DEFAULT_REGION.
amazonaws.com
    # コンテナイメージの作成
    - docker build -t $IMAGE_REPO_NAME:$IMAGE_TAG .
    # コンテナイメージのタグを付与
    - docker tag $IMAGE_REPO_NAME:$IMAGE_TAG $AWS_ACCOUNT_ID.dkr.ecr.$AWS_
DEFAULT_REGION.amazonaws.com/$IMAGE_REPO_NAME:$IMAGE_TAG
  post_build:
    commands:
    # Amazon ECR リポジトリにコンテナイメージを保存
    - docker push $AWS_ACCOUNT_ID.dkr.ecr.$AWS_DEFAULT_REGION.amazonaws.
com/$IMAGE_REPO_NAME:$IMAGE_TAG
    # 保存したコンテナイメージの情報をファイルに出力
    - printf '[{"name":"app","imageUri":"%s"}]' $AWS_ACCOUNT_ID.dkr.ecr.$AWS_
DEFAULT_REGION.amazonaws.com/$IMAGE_REPO_NAME:$IMAGE_TAG > imagedefinitions.json
artifacts:
  files: imagedefinitions.json
```

AWS CodePipelineとは

　次に、CI/CDパイプラインを構築するためのAWSサービスとしてAWS CodePipeline[注19]を紹介します。AWS CodePipelineを使うと、前述のAWS CodeBuildなどを柔軟に組み合わせて、必要な機能を持つCI/CDパイプラインを構築できます。

　Sample Book Storeではソースコード管理にGitHubを利用していますが、AWS CodePipelineはGitHubとの連携ができます。GitHubリポジトリの更新に応じてAWS CodePipelineのパイプラインを実行し、GitHubリポジトリからソースコードを取得できます。

　また、AWS CodePipelineは他のAWSサービスやサードパーティのツールとの連携だけでなく、ビルトインでさまざまなアクション（機能）が提供されています。今回は、ビルトインで提供されている「Amazon ECS標準デプロイ」のアクションを利用します。このアクションでは、前述のbuildspecファイルでアーティファクトとして作成したimagedefinitions.jsonのようなコンテナイメージの情報を入力として与えることで、「Amazon ECSタスク定義の作成」「Amazon ECSサービスの更新」を自動で行います。そのため、これらの処理をbuildspecファイルでコマンドとして定義する必要がなくなります。

　このように、AWS CodeBuildとAWS CodePipelineを組み合わせて利用する

　注19）https://aws.amazon.com/jp/codepipeline/

第1章
第2章
第3章
第4章
第5章
第6章
第7章
第8章

第6章 CI/CDパイプラインによるデリバリーの自動化

ことで、今回のシナリオで必要な機能を持つCI/CDパイプラインを構築できることがわかりました。最終的な構成は図6.15のようになります。

図6.15 コンテナシナリオでのCI/CDパイプラインの処理

ソースステージ	ビルドステージ (AWS CodeBuild)	デプロイステージ (AWS CodePipelineアクション)
ソースコードの取得	依存関係の解決 ユニットテストの実行 静的コード解析ツールの実行 Amazon ECRリポジトリへ コンテナイメージの保存	Amazon ECS タスク定義の作成 Amazon ECS サービスの更新

アクティビティ CI/CDパイプラインを構築する

　本章のシナリオでは、GitHub ActionsとAWS CodePipelineを利用してCI/CDパイプラインを構築しました。もちろん、その他のツールやサービスも利用できますが、ここではこの2つの使い分けについて考えてみましょう。

　今回のシナリオでは、ソースコードはGitHubを使って管理しています。そのため、たとえばソースコードとCI/CDパイプラインを同じ場所で管理したい場合はGitHub Actionsを利用するのがよいでしょう。一方で、ビルトインで提供されるさまざまなアクション（機能）を使ってAWSサービスと密な連携を構築したい場合は、AWS CodePipelineの利用が適しているでしょう。

　なお、GitHub ActionsとAWS CodePipelineの使い分けにおいてはあまり問題にはなりませんが、CI/CDパイプラインを構築するツールやサービスの選定では権限管理の容易さも1つの観点です。たとえば、AWSサービスを操作するためにAWS IAMのアクセスキーを必要とするツールやサービスでは、誤った公開設定によるアクセスキーの流出など運用に懸念が残ります。そのため、権限管理の容易さを重視する場合はAWS CodePipelineが有力な選択肢となるでしょう。参考までに、GitHub Actionsではコラム「GitHub ActionsからIAMロールを利用する」で紹介したように、現在はAWS IAM Roleから一時的なアクセスキーを取得するように設定できるため、アクセスキーの運用に伴う懸念は解消されています。

　読者のみなさんのチームでは、どのような観点でCI/CDパイプラインを構築するツールやサービスを選びますか。ぜひ考えてみましょう。

6.5 CI/CDパイプラインのさらなる活用

　本章では、継続的インテグレーション（CI）および継続的デリバリー（CD）の重要性、そしてCI/CDを実現するパイプラインの構築について説明しました。CI/CDパイプラインによりアプリケーションのデプロイプロセスが自動化されていますが、この自動化された状況を利用することでCI/CDパイプラインをより効果的に活用できます。

　具体的な例を見ていきましょう。Sample Book Storeの既存のアプリケーションでは、本番環境に対してサーバーやアプリケーションの脆弱性検査を実施しています。これに対して、前節で紹介したコンテナワークロードのCI/CDパイプラインを例に、脆弱性検査のステップをパイプラインに組み込んでいきます。

　前節で紹介したコンテナワークロードのCI/CDパイプラインでは、自動的なテストやビルドを実行するためにAWS CodeBuildを利用していました。同様に、脆弱性検査のステップはAWS CodeBuildでの実施を検討します。

　今回は、コンテナイメージに対する脆弱性検査となるため、コンテナイメージの作成後に脆弱性検査の実行コマンドを追加します。脆弱性検査を追加したbuildspecファイルは次のようになります。この例では、重大な脆弱性が検知されなかった場合のみ、Amazon ECRリポジトリにコンテナイメージが保存されるように定義しています。

```
version: 0.2

phases:
  install:
    commands:
      # 依存関係の解決
      - bundle install
      # trivy のインストール
      - curl -sfL https://raw.githubusercontent.com/aquasecurity/trivy/main/
contrib/install.sh | sh -s -- -b /usr/local/bin $TRIVY_VERSION
  pre_build:
    commands:
      # ユニットテストの実行
```

第1章

第2章

第3章

第4章

第5章

第6章

第7章

第8章

```
      - bundle exec rspec
      # 静的コード解析ツールの実行
      - bundle exec rubocop
  build:
    commands:
      # Amazon ECR にログイン
      - aws ecr get-login-password --region $AWS_DEFAULT_REGION | docker login
--username AWS --password-stdin $AWS_ACCOUNT_ID.dkr.ecr.$AWS_DEFAULT_REGION.
amazonaws.com
      # コンテナイメージの作成
      - docker build -t $IMAGE_REPO_NAME:$IMAGE_TAG .
      # 脆弱性検査の実施
      - trivy --quiet --exit-code 1 --severity HIGH,CRITICAL image $IMAGE_REPO_
NAME:$IMAGE_TAG
      # コンテナイメージのタグを付与
      - docker tag $IMAGE_REPO_NAME:$IMAGE_TAG $AWS_ACCOUNT_ID.dkr.ecr.$AWS_
DEFAULT_REGION.amazonaws.com/$IMAGE_REPO_NAME:$IMAGE_TAG
  post_build:
    commands:
      # Amazon ECR リポジトリにコンテナイメージを保存
      - docker push $AWS_ACCOUNT_ID.dkr.ecr.$AWS_DEFAULT_REGION.amazonaws.
com/$IMAGE_REPO_NAME:$IMAGE_TAG
      # 保存したコンテナイメージの情報をファイルに出力
      - printf '[{"name":"app","imageUri":"%s"}]' $AWS_ACCOUNT_ID.dkr.ecr.$AWS_
DEFAULT_REGION.amazonaws.com/$IMAGE_REPO_NAME:$IMAGE_TAG > imagedefinitions.json
artifacts:
  files: imagedefinitions.json
```

　今回の例では、脆弱性検査ツールとしてTrivy[20]を利用しています。Trivyを利用することで、コンテナイメージに含まれるオペレーティングシステムのパッケージに加えて、プログラミング言語のパッケージに対しても脆弱性検査ができます。オペレーティングシステムとプログラミング言語パッケージの両方に対する脆弱性検査の機能はAmazon ECRでも拡張スキャン[21]として提供されていますので、AWS CodeBuildではなくAmazon ECRで脆弱性検査をするようなCI/CDパイプラインの構築もできます。

　本節では、セキュリティの観点からCI/CDパイプラインの機能追加の例を挙げましたが、ほかにもさまざまな機能追加のパターンが考えられます。自動化されたデプロイプロセスを利用することで、単にアプリケーションをデプロイするだけではなく、CI/CDパイプラインをさらに活用できます。

注20）https://github.com/aquasecurity/trivy
注21）https://docs.aws.amazon.com/ja_jp/AmazonECR/latest/userguide/image-scanning-enhanced.html

6.6 まとめ

　本章では、継続的インテグレーション（CI）と継続的デリバリー（CD）に必要な機能を紹介しました。そして、Sample Book Store の具体的なシナリオで、サーバーレスワークロードとコンテナワークロードそれぞれのCI/CDパイプライン例を紹介しました。さらに、CI/CDパイプラインを構築するタイミングも重要です。できる限り、手動でのデプロイが繰り返されないよう、開発の初期段階でCI/CDパイプラインを構築することが重要です。

　次章では、要件にあったデータベースを選択するための考え方を紹介します。

第**7**章

要件にあった
データベースの選択

7.1 データベースに求める機能と要件

7.2 Purpose-built databaseとは何か

7.3 シナリオによるデータベースの選択

7.4 まとめ

第1章で紹介したとおり、モダンアプリケーションには、無理に全体で統一したテクノロジーやツールを選択するのではなく、要件にあったテクノロジーやツールを選択するという考え方がありました。アプリケーションを実装するときには、コンピューティングサービスにも選択肢が多くあり、第5章ではサーバーレスとコンテナを紹介しました。データベースはどうでしょうか。データベースサービスにも多くの選択肢があります。本章では、要件にあったデータベースを選択するための考え方を紹介します。

7.1 データベースに求める機能と要件

　まず、データベースを選択するときに検討するべき要件を整理します。

7.1.1 データ量

　まずは、データ量です。データベースに保存するデータ量がどれぐらいの規模なのかを検討する必要があります。データ量の単位はデータサイズでも表現できますし、データ件数でも表現できます。たとえば、数万件規模のデータ量なのか、数百万件規模のデータ量なのか、数億件規模のデータ量なのかによっても変わるため、データ量を整理しておくことは重要です。

7.1.2 データ増減パターン

　次は、データ増減パターンです。データ量がある程度一定に保たれるのか、大きく増減するのかという観点での検討も重要です。たとえば、何かしらのマスタデータであればデータ量が大きく変化することはありません。また週次でデータが1件ずつ増える場合も一年間で52件しか増えませんので、大きく変化することはありません。しかし、購入履歴データであれば、ユーザー数と購入件数によって大きく増えていく可能性があります。このように、データ増減パターン（とくに増える場合）という観点で整理することは重要です。

第1章

第2章

第3章

第4章

第5章

第6章

第7章

第8章

7.1.3 | 保持期間

そして、保持期間です。データ増減パターンにも関連しますが、保持している
データを「いつまで」保持する必要があるのかを整理することも重要です。たと
えば、直近1年のデータのみ必要で、それ以降は削除できるケースであれば、1
年間の最大のデータ量を前提に設計できます。この場合、データに対してTTL
(Time To Live：有効期限) を設定できるツールやサービスを利用することで、
不要となったデータを効率的に削除できます。ほかには、アプリケーションとし
ては必要がなくても、第三者機関の監査ポリシーなどにより、数年間残しておく
必要があるケースもあります。

7.1.4 | アクセスパターン

今度は、アクセスパターンです。アクセスパターンとは、具体的には参照 (検
索も含む)、追加、更新、削除などがあります。データベースはアプリケーショ
ンからどのアクセスパターンを受け入れるのか、そしてそれぞれの利用回数に傾
向はあるのかも検討する必要があります。具体的に例を挙げると、一度追加され
たらその後は参照が多くなるパターン (Read Heavyと言います) もあれば、追加
されたデータの参照は比較的少なく新規の追加が多くなるパターン (Write
Heavyとも言う) もあります。

7.1.5 | 形式

最後は形式です。保存するデータの種類や形式を整理することも重要です。
データ量やアクセスパターンにも関連します。AWSでは以下のような形式で整
理しています[注1]。

- リレーショナル
- キーバリュー[注2]
- インメモリ
- ドキュメント
- ワイドカラム
- グラフ

注1) https://aws.amazon.com/jp/products/databases/
注2) キー値、key-valueと表現することもあります。本書ではキーバリューに統一します。

- 時系列

7.2 Purpose-built databaseとは何か

　データベースの要件を整理したら、次は実際にデータベースサービスを選択します。「データベースXは過去に使ったことがあるから」や「データベースXのライセンスが残っているから」といった理由でデータベースサービスを選ぶのではなく「データベースXはアプリケーションで実現したい要件に最適だから」という理由で選択するべきです。こういった考え方をPurpose-built databaseと言います。

　そして、AWSにはPurpose-built databaseを実現するために、図7.1のように多くのデータベースサービスがあります。

図7.1 Purpose-built database

リレーショナル
Amazon Aurora　Amazon RDS

ワイドカラム
Amazon Keyspaces
(for Apache Cassandra)

キーバリュー
Amazon DynamoDB

グラフ
Amazon Neptune

インメモリ
Amazon ElastiCache

時系列
Amazon Timestream

ドキュメント
Amazon DocumentDB
(with MongoDB compatibility)

第1章

第2章

第3章

第4章

第5章

第6章

第7章

第8章

7.3 シナリオによるデータベースの選択

ここからは、Sample Book Storeの例でデータベースの検討を進めていきましょう。

7.3.1 書籍データ

Sample Book Storeでは、書籍データを管理しています。第2章で紹介した内容をふまえつつ、書籍データの要件を整理してみましょう。

- データ量：1万件以上
- データ増減パターン：取り扱う書籍は日々増えていくが、増加の速度は緩やか
- 保持期間：発売中止でも書籍データは残すため無期限に保持する
- アクセスパターン：書籍ページでの参照が多くなる
  - そして、検索をすることもある
- 形式：リレーショナル

今回はこれらの要件からAmazon RDS for MySQLを選択することが最適だと判断しました。とくに書籍データには多くの決まった情報があり、他のデータと紐付けて検索をすることもあるため、要件にあっています。さらに、アクセスパターンとして参照が多くなるパターンであると想定されているため、Amazon ElastiCacheも組み合わせて使います。なお、第2章で紹介しましたが、もともとSample Book StoreではAmazon RDS for MySQLを使っていました。ここでは要件を整理した結果、引き続き使えると判断したというストーリーです。

ユーザーは、Sample Book Storeで書籍を一覧したり、個別に表示します。書籍データとは、書籍タイトルや価格、書籍説明などです。Amazon RDS for MySQLでは、SQLを使って書籍データを取得します。もし複数のユーザーが同じ書籍を表示する場合、基本的には同じSQLを使って同じ書籍データを取得します。常にデータベースに保存されている最新データを取得できることがメリットではありますが、逆に言えば、同じ処理を繰り返しているとも言えます。ま

た、一般的に書籍データが頻繁に更新されることはなく、図7.2に示すような
ユーザーによる参照が多くなるパターン（Read Heavy）と言えます。

図7.2 参照が多くなるパターン

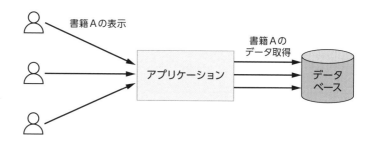

　そこで、キャッシュの利用を検討します。キャッシュとは、頻繁に参照する
データをすぐに取得できるようにするしくみです。比喩で言えば、よく読む本は
部屋の本棚に並べておき、あまり読まない本は倉庫にしまっておくイメージで
しょうか[注3]。

　キャッシュを利用するとき、最初キャッシュには何も保存されてなく、キャッ
シュからデータを取得できません（キャッシュミスと言います）。よって、初回
は図7.3のような流れになります。

1. ユーザーは、書籍画面で書籍Aの表示をリクエストをする
2. アプリケーションは、キャッシュに書籍Aのデータが保存されているかを
   確認する
3. アプリケーションは、キャッシュに書籍Aのデータが保存されていないた
   め、データベースから書籍Aのデータを取得する
4. アプリケーションは、次のリクエストのために書籍Aのデータをキャッ
   シュに保存する

　注3) https://aws.amazon.com/jp/builders-flash/202008/metaphor-cache/

図7.3 キャッシュを利用する流れ（キャッシュミス）

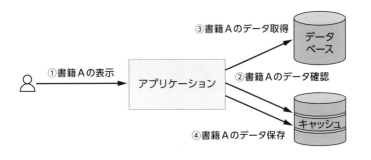

2回目以降は、キャッシュからデータを取得できます（キャッシュヒットと言います）。よって、図7.4のような流れになります。ポイントは、キャッシュにデータが保存されている場合は、データベースへのアクセスが不要になるため、高速にデータを取得できる点です。

1. **ユーザーは、書籍画面で書籍Aの表示をリクエストをする**
2. **アプリケーションは、キャッシュに書籍Aのデータが保存されているかを確認し、取得する**

図7.4 キャッシュを利用する流れ（キャッシュヒット）

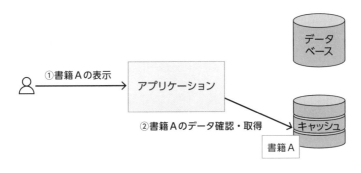

このしくみを実現するために、Amazon ElastiCache[注4]が使えます。Amazon ElastiCacheはマイクロ秒のレイテンシーを実現するインメモリデータベースサービスです。Redisと互換性のあるAmazon ElastiCache for Redis[注5]、そしてMemcachedと互換性のあるAmazon ElastiCache for Memcached[注6]がありま

注4）https://aws.amazon.com/jp/elasticache/
注5）https://aws.amazon.com/jp/elasticache/redis/
注6）https://aws.amazon.com/jp/elasticache/memcached/

第1章
第2章
第3章
第4章
第5章
第6章
第7章
第8章

第7章 要件にあったデータベースの選択

す。

　それぞれの機能比較[注7]もありますが、Sample Book Storeでは、シンプルに書籍情報を格納するため、Amazon ElastiCache for Memcachedを使うことにしました。

column

Evictions

　インメモリデータベースは、データをメモリに乗せることからパフォーマンスが高く、一般的にキャッシュストレージやセッションストアとして使われます。インメモリデータベースサービスとして、本章ではAmazon ElastiCacheを紹介しました。本コラムでは、第4章に関連して、Amazon ElastiCacheを運用する際にモニタリングするべきメトリクスであるEvictionsを紹介します。

　Evictionsは、Amazon ElastiCacheのメトリクスで、Amazon CloudWatchを使って取得できます。Amazon ElastiCache for RedisとAmazon ElastiCache for Memcachedどちらでも取得できます。Evictionsは、メモリ使用量が上限に達し、新しくキーを書き込めないときに、何かしらのキーが削除された（メモリから追い出された）件数を表すメトリクスです。キーにTTLを設定し、すべてのキーをメモリに保存することを期待値とすると、Evictionsの値は通常0であることが期待されます。しかし、もしこの値が1以上である場合、メモリサイズを増やしたり、キー構造を見直す必要があります。イメージを図7.5にまとめました。一般的に、Evictionsの値が増えることがすぐにアプリケーションの障害に直結するわけではありませんが、この Evictionsに対してAmazon CloudWatchアラームを設定し、検出できるようにすることが重要です。Amazon ElastiCache for Redisのモニタリングすべきメトリクス[注8]とAmazon ElastiCache for Memcachedのモニタリングすべきメトリクス[注9]にも載っています。

　なお、先ほど「何かしらのキーが削除された」と書きましたが、大量に保存されたキーの中で、どのキーが削除されるのでしょうか。これは、Amazon ElastiCacheのエンジンによって異なります。Amazon ElastiCache for Redisの場合は、maxmemory-policyというパラメータがあります。デフォルトではvolatile-lruというアルゴリズムとなり、TTLが設定されているキーの中で「最近最も使われていないもの＝LRU（Least Recently Used）」が削除されます。ほかにも、すべてのキーの中で「最近最も使われていないもの＝LRU（Least Recently Used）」が削除されるallkeys-lruというアルゴリズムもあります。ほかの選択肢はドキュメント[注10]を参照してください。Amazon ElastiCache for Memcached の場合は「最も使われていないもの＝LRU（Least Recently Used）」が削除されます。

注7）https://aws.amazon.com/jp/elasticache/redis-vs-memcached/
注8）https://docs.aws.amazon.com/ja_jp/AmazonElastiCache/latest/red-ug/CacheMetrics.WhichShouldIMonitor.html
注9）https://docs.aws.amazon.com/ja_jp/AmazonElastiCache/latest/mem-ug/CacheMetrics.WhichShouldIMonitor.html
注10）https://docs.aws.amazon.com/ja_jp/AmazonElastiCache/latest/red-ug/ParameterGroups.Redis.html

第1章

第2章

第3章

第4章

第5章

第6章

第7章

第8章

第
7
章
要
件
に
あ
っ
た
デ
ー
タ
ベ
ー
ス
の
選
択

図7.5 キーの削除が発生

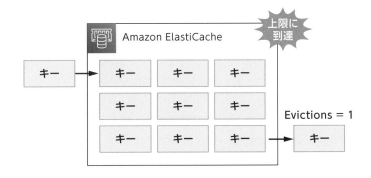

このように、Purpose-built databaseを意識して要件にあったデータベースを選択する場合、それぞれの運用上の考慮点があり、理解しておく必要があります。本コラムではEvictionsを紹介しました。

7.3.2 | お気に入りデータ

次に、お気に入りデータの要件を整理してみましょう。

- データ量：100万件以上
  - サービスの伸びを考慮して最低でも {ユーザー数（1万人）} x {お気に入り書籍数（100回）} を前提にする
- データ増減パターン：ユーザー数の増加、取り扱い書籍数の増加に伴い大きく増えていく
- 保持期間：無期限
  - お気に入り登録ができる上限数を設けるなど、アプリケーション側の仕様でカバーできる点もある
- アクセスパターン：登録、参照、削除がバランスよく行われる
- 形式：キーバリュー

お気に入りデータは、ユーザーに対して複数のデータがあり、レコード数が大

量になる可能性があります。データ量の観点でスケーラビリティ性に強みのある
データベースを検討するのが良さそうです。また、データ自体はユーザーIDと
書籍ID、タイムスタンプがあれば十分で、それぞれのデータサイズも少なめで
す。今回はAmazon DynamoDB[注11]を選択することが最適だと判断しました。し
かし、Amazon DynamoDBを使う前にアプリケーションによる要件とアクセス
パターンを整理することが重要です。今回は以下のアクセスパターンを実現しま
す。

- **ユーザーは、書籍をお気に入りに登録できる**
- **ユーザーは、書籍をお気に入りから削除できる**
- **ユーザーは、お気に入りの一覧を閲覧できる**

　まず、Amazon DynamoDBのしくみを簡単に説明します。Amazon Dynamo
DBでは、データ種別ごとにテーブルを作り、テーブルごとにアイテムを一意に
識別するためのプライマリキーを指定します。プライマリキーの指定は大きく2
種類あります。それぞれ、単独プライマリキーと複合プライマリキーと呼ばれる
こともあります。

- パーティションキー
- パーティションキー + ソートキー

　そして、Amazon DynamoDBテーブルに対する操作も複数あります。以下に
基本的な操作を挙げます。なお、今回は図7.6のように、プライマリキーを設定
します。プライマリキーを指定してPutItemを実行すれば、アクセスパターンの
「ユーザーは、書籍をお気に入りに登録できる」を実現できます。プライマリキー
を指定してDeleteItemを実行すれば、アクセスパターンの「ユーザーは、書籍を
お気に入りから削除できる」を実現できます。

- アイテムの操作
  - PutItem（アイテムを作成する）
  - GetItem（アイテムを取得する）
  - UpdateItem（アイテムを更新する）
  - DeleteItem（アイテムを削除する）

　注11）https://aws.amazon.com/jp/dynamodb/

- アイテムコレクションの操作
  - Query（複数のアイテムを取得する）
  - Scan（すべてのアイテムを取得する）

第1章
第2章
第3章
第4章
第5章
第6章
第7章
第8章

図7.6 プライマリキーの設定

ユーザーは、書籍をお気に入りに登録できる

ユーザーは、書籍をお気に入りから削除できる

テーブル	パーティションキー	ソートキー	属性
	ユーザー ID	書籍ID	購入日

パーティションキーを指定してQueryを実行すれば、アクセスパターンの「ユーザーは、お気に入りの一覧を閲覧できる」を実現できそうですが、ここで検討するべき点があります。Queryの結果はソートキーの値によってソートされます。よって、Amazon DynamoDBテーブルにQueryを実行すると、書籍ID順にソートされます。これで要件を満たせる場合は良いのですが、今回は「お気に入り登録日の降順（最近お気に入り登録をした書籍から）」で表示したいという要件があったとしましょう。Amazon DynamoDBテーブルでは実現できません。

このように、Amazon DynamoDBテーブルに指定したプライマリキーでは実現できないアクセスパターンがあったときに、Amazon DynamoDBテーブルのセカンダリインデックスが使えます[注12]。

- ローカルセカンダリインデックス（LSI）
- グローバルセカンダリインデックス（GSI）

今回は、図7.7のようなグローバルセカンダリインデックスを作成します。パーティションキーを指定してセカンダリインデックスにQueryを実行すれば、アクセスパターンの「ユーザーは、お気に入りの一覧を閲覧できる」を実現できます。

注12）https://docs.aws.amazon.com/ja_jp/amazondynamodb/latest/developerguide/SecondaryIndexes.html

図7.7 グローバルセカンダリインデックスを作成

ユーザーは、お気に入りの一覧を閲覧できる

GSI	パーティションキー	属性	ソートキー
	ユーザー ID	書籍 ID	購入日

　以下はサンプルコードです。Sample Book Store のアプリケーションで採用しているRubyで、Amazon DynamoDBテーブルを操作するライブラリとしてAws::Recordを使っています。サンプルコードの中に解説用のコメントも追加しました。今回は「ユーザー ID 1」を対象にしていますが、ポイントとしては、お気に入りの一覧を取得するためにSampleFavoriteクラスのqueryメソッドを使っているところです。queryメソッドにindex_nameやkey_condition_expressionを指定することで、Amazon DynamoDBテーブルのグローバルセカンダリインデックスからデータを取得しています。

```ruby
require 'aws-record'

# Amazon DynamoDB テーブル "Sample-Favorites" を表す SampleFavorite クラス
class SampleFavorite
  include Aws::Record
  set_table_name 'Sample-Favorites'
  integer_attr :user_id, hash_key: true
  integer_attr :product_id, range_key: true
  datetime_attr :created_at
end

# ユーザー ID 1 を対象にする
user_id = 1

# Amazon DynamoDB テーブルのローカルセカンダリインデックスに Query を実行する
# お気に入りの一覧を取得する
favorites = SampleFavorite.query(
  index_name: 'gsi_user_id_created_at',
  scan_index_forward: false,
  key_condition_expression: '#key = :value',
```

第1章

第2章

第3章

第4章

第5章

第6章

第7章

第8章

```
  expression_attribute_names: { '#key': 'user_id' },
  expression_attribute_values: { ':value': user_id }
)

# お気に入りの一覧を表示する
favorites.each do |favorite|
  puts favorite.product_id
end
```

7.4 まとめ

　本章では、要件にあったデータベースを選択することの重要性を紹介しました。無理に全体で統一したテクノロジーやツールを選択するのではなく、要件にあったテクノロジーやツールを選択するというモダンアプリケーションの考え方はデータベースでも同じです。そして、Sample Book Storeの具体的なシナリオで、データベースサービスを選びました。

- 書籍データ
- お気に入りデータ

　次章では、アーキテクチャをより最適化するためのモダンアプリケーションパターンを紹介します。

第8章

モダンアプリケーションパターンの適用によるアーキテクチャの最適化

8.1 パターンとは

8.2 シングルページアプリケーション（SPA：Single Page Application）

8.3 API Gateway：API呼び出しの複雑性を集約する

8.4 メッセージング：サービス間の非同期コラボレーションの促進

8.5 Saga：サービスにまたがったデータ整合性の維持

8.6 CQRS：データの登録と参照の分離

8.7 イベントソーシング：イベントの永続化

8.8 サーキットブレーカー：障害発生時のサービスの安全な切り離し

8.9 サービスディスカバリ：サービスを見つける

8.10 サービスメッシュ：大規模サービス間通信の管理

8.11 フィーチャーフラグ：新機能の積極的なローンチ

8.12 分散トレーシング：サービスを横断するリクエストの追跡

8.13 まとめ

いよいよ最終章となります。最終章へ入る前に、ここまでの本書の流れを簡単に振り返りましょう。まず、第1章ではモダンアプリケーションとは何かを紹介しました。第3章では、アプリケーション開発におけるベストプラクティスである The Twelve-Factor App と Beyond the Twelve-Factor App を紹介しました。第4章では、データを取得する重要性を紹介し、第5章では、サーバーレステクノロジーやコンテナテクノロジーを紹介しました。第6章では、CI/CDパイプラインを紹介し、第7章では、要件にあったデータベースを選択する重要性を紹介しました。ここまでの内容で、十分にアプリケーションをモダンアプリケーションに近づけられました。最終章である本章では、アプリケーションをより開発しやすく、運用しやすく、拡張しやすくするための最適化としてモダンアプリケーションパターンを紹介します。

8.1 パターンとは

「モダンアプリケーションパターン」と書きましたが、そもそもパターンとは何でしょうか。直訳をすると「型」と言えますが、ここではパターンという用語を「特定の状況下で課題を解決するときに直面する目的や制約[注1]に対する解決策」と表現します。アーキテクチャを設計したり、アプリケーションを実装したりするときに何かしらの課題を抱えたり、満たすべき複数の要件がトレードオフの関係になることもあるのではないでしょうか。少し難しく聞こえますが、こういったときに、特定の状況下で過去に適用された解決策としてパターンが参考になります。用語としては、パターン以外にデザインパターンと言うこともあります。そして適用範囲は幅広く、有名なものではGoFデザインパターンやクラウドデザインパターン、アジャイルパターンなどもあります。

8.1.1 AWSにおけるモダンアプリケーションパターン

そして、モダンアプリケーションにもパターンがあります。モダンアプリケーションを実現するときには、いくつかの課題に直面する可能性があります。モダンアプリケーションパターンは、そういった課題に対する解決策として使えるアーキテクチャパターンです。マイクロサービスパターンとも関連しています。

注1）目的や制約のことをフォースと呼ぶこともあります。

マイクロサービスパターンに関しては、よく知られたサイトであるMicroservices. io[注2]で詳細に解説されています。

第1章

第2章

第3章

第4章

第5章

第6章

第7章

第8章

8.1.2 パターンを適用したSample Book Store

すでに紹介したとおり、本書ではモダンアプリケーション化を推進するために必要な考え方をさまざまな観点で紹介してきました。そして第2章で紹介したとおり、読者のみなさんがイメージをしやすいようにSample CompanyのSample Book Storeという具体的なシナリオを使ってアーキテクチャを改善してきました。

第3章ではThe Twelve-Factor AppとBeyond the Twelve-Factor Appを使ってアプリケーションを見直し、第5章ではサーバーレスやコンテナを導入し、アーキテクチャを拡張しました。第7章ではPurpose-built databaseの検討も行いました。すべてを詳細に図に含めることはできませんが、ここまでのアーキテクチャを振り返ると図8.1のようになります。ほかにも第6章ではCI/CDパイプラインの検討も行いました。第3章で紹介したSample Book Storeのアーキテクチャを尊重しつつ、段階的に拡張と改善ができていると言えます。

図8.1 Sample Book Storeのアーキテクチャ（第7章まで）

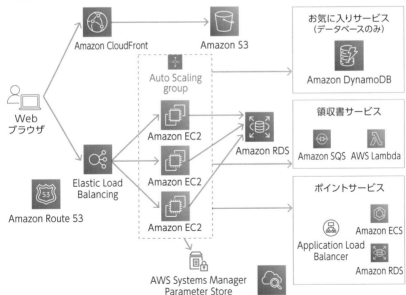

さて、ここからはストーリーを数年間進めてみましょう。Sample Companyの
ビジネスはその後も継続的に成長し、Sample Book Storeのユーザー数や取り扱
う書籍数はさらに増えています。そして、社内のプロダクトロードマップに含ま
れていた新機能を積極的にリリースしています。また、今でもユーザーからの
フィードバックに耳を傾けつつ、利便性を高め、価値を届け続けています。エン
ジニアの採用も進み、エンジニアリングチームも大きくなりました。そして、今
までのアーキテクチャも図8.2のように見直すことができました。もともとの課
題であった機能変更のリードタイムの長さも今では解消されています。これは、
Sample Book Storeが迅速にイノベーションを起こせるようになったと言えるの
ではないでしょうか。モダンアプリケーションに決まったゴールはありません
が、モダンアプリケーションに近づけたと言えるでしょう。

　なお、最新のSample Book Storeのアーキテクチャでは、大きく次のような指
針を持ってサービスを選定しています。

- 非同期的な通信、すなわちイベント駆動で処理をするサービスにはAWS
  Lambdaを採用する
- 同期的な通信、すなわちAPIを提供するサービスにはAmazon ECSを採用
  する

　まず、非同期的な通信にAWS Lambdaを採用している理由について説明しま
す。AWS Lambdaを利用することで、本章の「8.4 メッセージング：サービス間
の非同期コラボレーションの促進」で後述するAmazon SQSやAmazon SNS、
Amazon EventBridgeといったイベント発行元から後続のサービスにイベントを
伝播するためのAWSサービスとの統合が容易になります。また、「5.3 サーバー
レスとコンテナのワークロード比較」で説明したように、AWS Lambdaはサー
ビスの抽象度が高くアプリケーションを実行するために必要な作業が少ないた
め、アプリケーション開発により集中できるというメリットがあります。

　次に、同期的な通信にAmazon ECSを採用している理由を説明します。最新
のSample Book Storeのアーキテクチャでは、第1章で紹介したモジュラーアー
キテクチャの1つであるマイクロサービスを採用しています。マイクロサービス
のようにサービス同士を通信させる場合、サービス間でトラフィックを制御した
り、可視化したりする通信制御が重要になります。今回のシナリオでは、このよ
うな通信制御の運用負荷を軽減するためにAWS App Meshのようなサービス

第1章

第2章

第3章

第4章

第5章

第6章

第7章

第8章

メッシュを利用することが妥当であると判断しました。こういった背景から、マイクロサービス間の通信制御におけるさまざまな課題を解決するために、「8.10 サービスメッシュ：大規模サービス間通信の管理」にて後述する AWS App MeshをそれぞれのサービスのAPIに導入するという方針を設定しました。

　ここで、APIのバックエンドのアーキテクチャとしては、Amazon ECSのようなコンテナだけでなく、Amazon API Gateway と AWS Lambdaといったサーバーレスの組み合わせも候補に上がります。しかし、本書の執筆時点ではAWS Lambdaにおける AWS App Meshの利用がサポートされていません。これらの理由から、APIのバックエンドのアーキテクチャとしてAmazon ECSを採用しています。

　もちろん、前述のような指針によるサービス選定が常に適切であるとは限りません。今回のシナリオでは、同期的な通信・非同期的な通信という大きな分類でサービスを統一していますが、第1章でお伝えしたように、適材適所のテクノロジーやツールを選択できることがモダンアプリケーションのメリットです。実際にアーキテクチャを設計する際には、より柔軟にサービス選定を進めてください。

　最終章となる本章では、この数年間にSample Book Storeがどのような目的で、どのような課題を抱えて、どのような解決をしたのかを「パターン」という観点で紹介します。

図8.2 Sample Book Storeのアーキテクチャ（第8章まで）

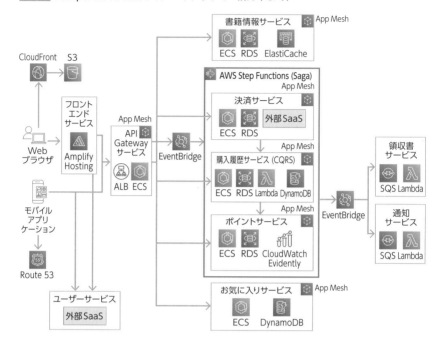

APIとバックエンドのアーキテクチャを構成する

本章のシナリオでは、現時点でのAWS LambdaとAWS App Meshのサポート状況からAmazon ECSをAPIのバックエンドに採用した、という設定になっています。もし、AWS LambdaとAmazon API Gatewayで要件を満たせるのであれば、これらのサービスの組み合わせが採用候補として優位になることも考えられます。

サーバーレスとコンテナの使い分けにおいては、「5.3 サーバーレス とコンテナのワークロード比較」にて「サービスの抽象度」という観点を紹介しました。他の観点としては、既存の開発資産や体験、チームのノウハウを重視するという考え方もあるでしょう。

たとえば、「SAM CLIを用いた開発に慣れているのでサーバーレスを選択する」「アプリケーションフレームワークを利用した開発に慣れているので、サーバーレスよりもアプリケーションフレームワークを動かしやすいコンテナを選択する」といったような意思決定です。また、既存のアプリケーションに対してサーバーレスまたはコンテナを採用する場合、サーバーレスやコンテナのベストプラクティスに従う形でアプリケーションを見直すコストが大きい状況も考えられます。そういった場合、仮想マシンでアプリ

ケーションを動かすことがチームにとって最適なケースもありえるでしょう。

読者のみなさんのチームでは、APIとバックエンドのアーキテクチャをどのように構成しますか。ぜひ考えてみましょう。

第1章

第2章

第3章

第4章

第5章

第6章

第7章

第8章

第8章 モダンアプリケーションパターンの適用によるアーキテクチャの最適化

8.2 シングルページアプリケーション (SPA：Single Page Application)

本節では、フロントエンドサービスのアーキテクチャパターンとして「シングルページアプリケーション」を紹介します。

第3章ではBeyond the Twelve-Factor Appのプラクティス「APIファースト」を紹介しました。公開されたインターフェースであるAPIを第一に考える思想でした。しかし、第3章のSample Book Storeのシナリオでは、アプリケーションフレームワークであるRuby on Railsを使ってMVCで実装をしていました。よって、既存のアーキテクチャを無理に書き換えて「APIファースト」を実現することはせず、今後新機能を追加するときに検討する方針としていました。

Sample Book Storeは、この数年間でAPIを第一に考え、新規サービスでの活用や既存サービスをAPIとして分割するリファクタリングを行ってきました。その結果、もともとRuby on Railsで実装していた既存アプリケーションの役割であったビジネスロジックの割合が徐々に少なくなってきました。そして、最終的にすべての機能をAPIとして分割できた場合、既存アプリケーションに残る実装はAPIを呼び出すコントローラーの部分と、その結果を画面として描画するビューの部分です。そうすると、Ruby on Railsのようなフルスタックなアプリケーションフレームワークを使って、描画する画面を構築する必要性が薄れてきます[注3]。よって、APIを呼び出し、その結果を描画できるしくみがあればよさそうです。

また、従来のアーキテクチャでは、ユーザーが画面遷移をしたり画面上のボタンを押したりすると、ユーザーのリクエストを受けて画面全体を構築して再描画します。言い換えると、ユーザーの操作によって、毎回画面全体が再描画されてしまいます。ユーザー体験の観点や、画面描画のパフォーマンスという観点で課題が残ります。

画面全体が再描画されてしまう例を図8.3に挙げます。書籍ページでユーザー

注3) もちろんRuby on RailsでもReactを組み込んだり、Hotwireを使って、画面を構築できます。あくまで本書のシナリオとして、必要性が薄れてきたと判断しています。

が気になった書籍をお気に入りに登録する場合、色のついていないハートボタンを押す必要があるとしましょう。お気に入りに登録している場合は、赤いハートボタンが表示されるイメージです。従来のアーキテクチャでは、ハートボタンを押した後にお気に入りデータを追加し、赤いハートボタンを表示するために画面全体を再描画する必要があります。よって、ハートボタンの色だけが書き換わった方が画面の描画が早くなるため、ユーザー体験は良くなります。きっと読者のみなさんもこれに近い画面描画を体験したことがあるのではないでしょうか。そこで、仮想DOM（Virtual DOM）という技術を使って、画面の一部を書き換えます。本書では詳細には取り扱いませんが、React[注4]やVue.js[注5]やAngular[注6]などが代表的なフレームワークです。

図8.3 書籍をお気に入りに登録するときのユーザー体験の違い

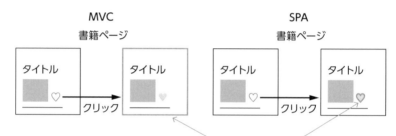

このように、静的コンテンツ[注7]を取り扱うフロントエンドと、動的コンテンツ[注8]を取り扱うバックエンドを分割し、APIのレスポンスを使って画面全体を再描画せず必要な箇所のみを更新するアーキテクチャをシングルページアプリケーション（SPA：Single Page Application）と言います。

さて、問題になるのは、このフロントエンドをどうやってデプロイするかです。静的コンテンツの配信となるため、たとえばAmazon EC2インスタンスでNGINXやApache HTTP Serverなどのミドルウェアを活用すれば静的コンテンツを配信できます。しかし、運用改善という観点で課題が残ります。

そこで、Amazon CloudFrontとAmazon S3を組み合わせて実現するアーキテクチャが考えられます。マネージド型サービスを活用し運用改善をしつつ、Amazon CloudFrontでキャッシュの挙動などを細かく設定できます。しかし、ReactやVue.jsやAngularをはじめとしたフロントエンドフレームワークでは、アプリケーションをビルドする必要があります。よって、第6章で紹介したCI/

注4) https://ja.reactjs.org/
注5) https://v3.ja.vuejs.org/
注6) https://angular.io/
注7) HTMLやJavaScript、画像などを指します。
注8) APIなどを指します。

CDパイプラインの観点も重要になり、AWS CodeBuildやGitHub Actionsなど
を使ったビルドのしくみも検討する必要があります。別の選択肢として、AWS
Amplify Hosting[注9]を紹介します。

　AWS Amplify Hostingは、フロントエンドアプリケーションをビルドし、デ
プロイし、配信できるフルスタックなサービスです。そして、AWS Amplify
Hostingには、サービス自体にCI/CDパイプラインも組み込まれています。
AWS CodeCommitやGitHubなどのGitリポジトリに静的コンテンツを追加する
と、ブランチごとに自動的に変更を検知して、ビルドをして、最終的にデプロイ
までできます。また、静的コンテンツをドラッグ＆ドロップでデプロイしたり、
Amazon S3バケットにアップロードしているファイルをワンクリックでデプロ
イしたりできる手軽さもあります。さらにAWS Amplify Hostingには内部的に
Amazon CloudFrontが組み込まれています。そのため、Amazon Cloud
FrontやAmazon S3を直接運用せずとも、これらのサービスの組み合わせによ
るレイテンシーの低い静的コンテンツ配信を実現できる点もメリットです。

　Sample Book Storeの最新のアーキテクチャでは、このAWS Amplify Hosting
を使って、フロントエンドサービスを実装しています。

8.3 API Gateway：API呼び出しの複雑性を集約する

　本節では「API Gateway」を紹介します。

　図8.2で紹介したように、最新のSample Book Storeは多くのサービスでAPI
を活用するアーキテクチャになりました。さらに、従来はクライアントとして
「Webブラウザ」のみをサポートしていましたが、「モバイルアプリケーション」
のサポートも開始しました。どちらのクライアントも、画面を描画するために
APIを呼び出す必要があります。図8.4のように、書籍画面では「書籍情報サービ
ス」や「お気に入りサービス」のAPIを呼び出して、画面に必要な情報を取得する
必要があります。

第1章
第2章
第3章
第4章
第5章
第6章
第7章
第8章

第8章　モダンアプリケーションパターンの適用によるアーキテクチャの最適化

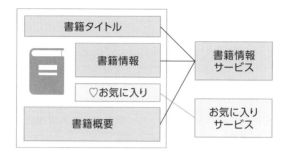

図8.4 書籍画面とサービスの呼び出し関係

　一般的に、それぞれのサービスのAPIが提供する情報と、クライアントが画面を描画するために必要とする情報の粒度は異なるケースが多いです。そのため、前述の「書籍画面」のように、複数のAPIを呼び出し、情報を集約する処理などをクライアント側に持たせる必要があります。さらに、スマートフォンなどのモバイル回線を利用するデバイスからモバイルアプリケーションを利用する場合、複数のAPI呼び出しに伴うサーバーとの通信によって、画面の描画が遅くなるなど、ユーザー体験を損なう状況が起こることもあります。マイクロサービスや、Beyond the Twelve-Factor Appのプラクティス「APIファースト」の導入により多くのメリットを得られましたが、このように複数のAPIを呼び出すことによるクライアント側の複雑性やユーザー体験の低下という新たな課題が発生することさえあります。

8.3.1 | API Gateway：クライアントに対する単一のエンドポイント

　このような課題を解決するためのパターンが、本項で紹介する「API Gateway[注10]」です。API Gatewayでは、図8.5のように、それぞれのクライアントに対する単一のエンドポイントとして、ゲートウェイの役割を持つAPIを公開します。エンドポイントは単一ですが、クライアントの種類を判別することで、「Webブラウザ」と「モバイルアプリケーション」それぞれの画面描画に必要な情報を取得できるようになります。

　注10）Amazon API Gatewayというサービス名ではなく、一般的なパターン名です。

第1章

第2章

第3章

第4章

第5章

第6章

第7章

第8章

図8.5 API Gatewayパターンの例

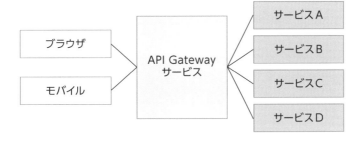

具体的な例として、最新のSample Book Storeの構成を見てみましょう。図8.2のように、「Webブラウザ」と「モバイルアプリケーション」のいずれもALB（Application Load Balancer）を経由して公開されているAPIに対してのみアクセスしています。ALBのバックエンドでは、Amazon ECSで実行されるコンテナアプリケーションが稼働しています。このアプリケーションが、「Webブラウザ」と「モバイルアプリケーション」それぞれに必要な情報を集約して返すAPIを提供しています。このAPIは、他のサービスへのリクエストをプロキシしたり、複数のサービスのAPIを呼び出して結果を集約するといった処理をしています。

これにより、「書籍画面」を描画する場合でも、それぞれのクライアントは1つのAPIを呼び出せばよいので、複数のサービスのAPIを呼び出す処理の実装が不要となりクライアントがシンプルになります。また、APIの呼び出しが一度で済むことにより、サーバーとの通信回数を抑えることができます。

8.3.2　BFF（Backends for Frontends）：クライアントごとに異なるエンドポイント

API Gatewayパターンと関連して、「Backends for Frontends（BFF）」と呼ばれるパターンもあります。API Gatewayパターンでは、それぞれのクライアントに対する単一のエンドポイントとしてAPIを公開していましたが、BFFでは、図8.6のように、それぞれのクライアントごとに異なるエンドポイントを公開します。API Gatewayパターンでは、クライアントの種類が増えるにつれてAPIが複雑になる可能性があります。結果的に、このAPI自体がモノリシックな構成になってしまうため、「1.3.4 モジュラーアーキテクチャ」で紹介した開発スピードの低下のような課題を抱える可能性もあります。一方で、BFFではクライアントごとにエンドポイントが異なるため、それぞれが独立したアプリケー

ションを実行できます。

図8.6 BFFパターンの例

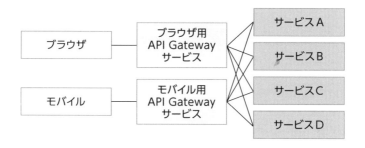

最新のSample Book Storeでは、クライアントの種類が少なく、APIがそれほ
ど複雑ではないため、BFFパターンではなくAPI Gatewayパターンを採用して
います。しかし、将来的にクライアントの種類が増えてAPIが複雑になるよう
であれば、BFFを検討する場合も出てくるでしょう。

8.4 メッセージング： サービス間の非同期コラボレーションの促進

本節では「メッセージング」を紹介します。

本書のトピックであるモダンアプリケーションのベストプラクティスとして、
第1章で「モジュラーアーキテクチャ」を紹介しました。その代表的な例と言える
「マイクロサービス」では、機能ごとにサービスを分割し、アーキテクチャ全体
を疎結合に組み合わせて実現します。

このように、機能ごとにサービスを分割すると、分割したサービス間での通信
が必要になります。そして、サービス間が通信する方法として、大きく「同期的
な通信」と「非同期的な通信」があります。「同期的な通信」のわかりやすい例は
REST APIを呼び出す構成で[注11]、本書では第5章のコンテナワークロードや第8
章のAPI Gatewayで採用しました。「非同期的な通信」のわかりやすい例は
キューを使った構成で、本書では第5章のサーバーレスワークロードで採用しま
した。実はこの「非同期的な通信」が、本節で紹介する「メッセージング」に関係
します。

　　注11）あくまで具体例として挙げました。REST APIを使っても非同期は実現できます。

第1章

第2章

第3章

第4章

第5章

第6章

第7章

第8章

- 同期的な通信
    - …クライアントが他のサービスのAPIを呼び出すと、API側で処理を行い、処理結果をクライアントに返します（APIの処理時間が長くなると、その間はクライアントが待つことになります）
- 非同期的な通信
    - …クライアントがイベントを生成すると、連携先となるサービスがイベントを取得し、処理を行います。たとえば、キューを利用する場合、クライアントはイベントとしてキューにメッセージを送信し、連携先となるサービスはキューからメッセージを受信します。キューにメッセージを送信する処理と、キューからメッセージを受信する処理は非同期に行われます

まずは、REST APIを呼び出す「同期的な通信」の課題から考えてみましょう。非常に極端な例ではありますが、サービスの分割が進み、アプリケーションの仕様や機能の要件によって同期的に処理をすることが重要である場合、図8.7のように複数のサービスを同期的に呼び出すことになります。ここでは4種類の課題を挙げます。

図8.7 同期的な通信が連鎖する例

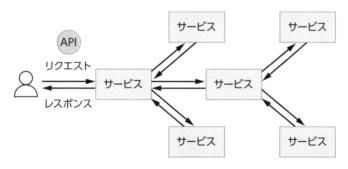

- レイテンシー
    - …同期的にそれぞれのサービスを呼び出すということは、すべてのレスポンスを待つことになります。もし、それぞれのサービスのレイテンシーが低かったとしても合計するとそれなりのレイテンシーになってしまいます。もし1つのサービスのレスポンスが遅れた場合は、全体

に影響します。よって、同期的な通信が増えると、レイテンシーに課題が残ります

- **信頼性**
  - …もし、1つのサービスに障害が起きてしまった場合、同期的にそれぞれのサービスを呼び出すことから、その障害が全体に影響します。言い換えると、1ヵ所の障害がユーザーに影響を及ぼしてしまいます。よって、同期的な通信が増えると、信頼性に課題が残ります

- **サービス結合度**
  - …もし、同期的な通信をするサービスをさらに新しく追加する場合、追加するサービスの「呼び出し元」になるサービスを変更する必要があります。また、「呼び出し元」になるサービスがそれぞれのサービスの呼び出し結果を担保する形となるため、関連するサービスの責務が「呼び出し元」に集中します。すなわち、サービス間の結合度が高くなり、結果的に密結合になります

- **負荷**
  - …一時的にリクエストが増大し高負荷状態になった場合、同期的にそれぞれのサービスを呼び出すということは、その同じ高負荷状態をそれぞれのサービスも受けることになります。同期的な通信が増えると、負荷の考慮に課題が残ります。高負荷状態に対応するため、それぞれのサービスで高い可用性や高負荷にも対応できるスケーラビリティを確保したインフラストラクチャのプロビジョニングが必要となります

　このように、サービスを同期的に呼び出すことに対する4種類の課題を挙げました。そこで、要件を整理し、可能であればサービスを非同期に呼び出すことを考えます。たとえば、あるビジネスフローにおいてリクエストに対するレスポンスが即時でなくてもよい場合、そのビジネスフローの実装には「非同期的な通信」が採用できるでしょう。そして「非同期的な通信」を実装する手段として、本節で紹介する「メッセージング」パターンが良く利用されます。もし、大規模なマイクロサービスを設計していて、すべての通信が同期で行われているとしたら、何かしら設計に誤りがある可能性すらあるでしょう。

　メッセージングパターンは、サービスが非同期的な通信をするアーキテクチャです。その中でも、今回は大きく2種類「キューモデル」と「パブサブモデル[注12]」を紹介します。

　注12）「パブリッシュ/サブスクライブ」の略で、日本語にすると「出版/購読」となります

第1章

第2章

第3章

第4章

第5章

第6章

第7章

第8章

8.4.1 キューモデル

　まずは、キューを使ってメッセージングを実現する「キューモデル」を紹介します。キューとは、データの出し入れができるパイプのようなデータ構造のことです。たとえば、レストランではお客様の注文した料理が伝票としてキッチンに届けられますが、これらをキッチンで並べる伝票ホルダーなどがキューに該当します。本項では、「キュー」をデータの出し入れや保持が可能なサービスとして取り扱います。

　キューモデルを実現するために使える代表的なサービスとしてはAmazon SQSが挙げられます。本書のどこかで聞き覚えはありませんでしょうか。第5章の「5.4 シナリオによるサーバーレスワークロードの構成例」で紹介しました。Sample Book Storeの「領収書機能」を設計するときに、ユーザーのリクエストに対してリアルタイムで領収書を作成するのではなく、一度キューに領収書の作成依頼リクエストを保存し、非同期に処理をしていました。まさにこのアーキテクチャが非同期メッセージングの具体例となります。第5章では、あえて「パターン」という表現を使っていませんでしたが、これは「メッセージングパターン」を意識した設計でした。先ほど挙げた課題点に照らし合わせてみましょう。

- レイテンシー
  - …実際の処理をせず、処理リクエストをAmazon SQSキューに保存するだけとなり、全体のレイテンシーは低く保てます
- 信頼性
  - …Amazon SQSは高い可用性や高い耐久性が組み込まれたフルマネージド型のサービスです。よって、サービス間の信頼性を高められます
- サービス結合度
  - …Amazon SQSキューに保存されたリクエストを呼び出すため、他のサービスを変更する必要がなく、サービス間の結合度を低くできます。結果的に疎結合になります
- 負荷
  - …Amazon SQSの標準キューは、1秒あたり、ほぼ無制限のAPI実行をサポートしています[注13]。また、高負荷状態になった場合も、リクエストをキューに保存できるため、後続のサービスで高負荷にも対応できるスケーラビリティを確保したインフラストラクチャをプロビジョニ

注13）標準キューとFIFOキューではスループットが異なります。詳細は、Amazon SQSのドキュメントを参照してください。
https://docs.aws.amazon.com/ja_jp/AWSSimpleQueueService/latest/SQSDeveloperGuide/quotas-messages.html

ングする必要はありません

　メッセージパターンを採用する上で、とくに設計上の大きなメリットは「バッファリング」です。上に挙げた「負荷」にも関係しますが、図8.8のように、リクエストのスパイクが発生したときに、スパイクをキューで受け止めておくことができます。よって、タイミングをずらして処理を継続することで、バックエンドはスパイクの影響を受けないように設計できます。結果的にこれは信頼性を向上させることにも繋がります。

図8.8 リクエストのスパイクをバッファリングする

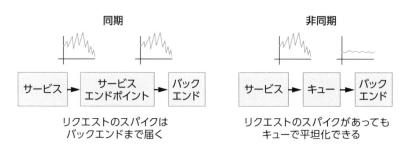

　さて、キューモデルにはほかに設計上の考慮点はあるのでしょうか。次に「メッセージの順序性」に関して紹介します。一般的にキューと聞くと、「データを入力した順番で出力する」という「先入れ先出し：FIFO（First In First Out）」の挙動をイメージするのではないでしょうか。実際には、キューとしての機能を提供するツールやサービスによって異なります。すでに紹介をしたAmazon SQSの標準キューは、ほぼ無制限のAPI呼び出しをサポートする代わりに、取り出すメッセージの順序保証はせず、ベストエフォート型の順序を提供します。言い換えると、後に入れたメッセージが先に取り出される可能性があります。

　今回紹介したSample Book Storeの「領収書機能」では、ベストエフォート型の順序という仕様で問題なさそうです。ユーザーはほかのユーザーが領収書の作成依頼を出していることを知り得ないため、もし領収書が作成される順番が前後したとしてもビジネス的な影響はないからです。

　しかし、業務要件によっては非同期処理を前提にしたとしても「順序保証」が重要である場合があります。その場合はAmazon SQSのFIFOキューを使います。FIFOキューは、1秒あたり、APIメソッドごとに最大300回のAPI呼び出し

をサポートし[注14]、取り出すメッセージの順序を保証できます。性能とアプリケーション要件を考慮して最適なAmazon SQSキューを選択することが重要です。

第1章
第2章
第3章
第4章
第5章
第6章
第7章
第8章

8.4.2 パブサブモデル

ここまでは、1対1でメッセージを送信するキューモデルを紹介しました。次は1対多でメッセージを送信する「パブサブモデル」を紹介します。比喩で言えば、メーリングリストにメールを送信すると、登録しているメールアドレスに一斉送信されるイメージでしょうか[注15]。同じメッセージを複数の宛先に同時に送信することでアーキテクチャに拡張性を持たせられます。また、メッセージを送信する側は受け手を意識する必要がなく、メッセージを購読する側もフィルタリングにより関心のあるメッセージのみを受け取ることができるため、メッセージの送信側と購読側を疎結合にできます。

パブサブモデルは、パブリッシャー（送信側）がバスやトピックと呼ばれる場所にメッセージとしてイベントを送信し、そのトピックを登録しているサブスクライバー（購読側）がメッセージを受け取るモデルです。とくに1対多にメッセージを送信するパブサブモデルのことを「ファンアウト」と表現します。イメージを図8.9に載せます。AWSではAmazon EventBridgeやAmazon SNSを使ってバスやトピックを実現でき、AWS Lambda関数やAmazon SQSキュー、その他のAPIエンドポイントにメッセージを一斉送信できます。

図8.9 パブサブモデルの構成例

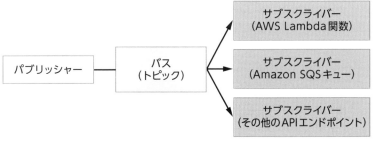

もう一度、第5章の「5.4 シナリオによるサーバーレスワークロードの構成例」で紹介した領収書機能の例を振り返りましょう。アーキテクチャの考慮点として

注14）Amazon SQSのFIFOキューのバッチ処理や高スループット設定を使えば、より多くのAPI呼び出しもできます。
注15）https://aws.amazon.com/jp/builders-flash/202004/metaphor-pubsub/

検討した「拡張性はあるか」では、Amazon EventBridge を組み合わせる構成を紹介しました。前段のサービスからの「購入された」というメッセージを Amazon EventBridge 経由で領収書サービスと通知サービスに送信できます。もし、領収書サービスと通知サービスに加えて、今後3個目のサービスが増えたとしても、前段のサービスには影響せず追加できる点もメリットです。拡張性があると言えるのではないでしょうか。

なお、先ほど紹介したとおり、パブサブモデルを実現する場合に Amazon SNS も使えます。最終的には要件次第になってしまいますが、具体的な要件として以下が重要である場合は Amazon SNS を採用すると良いでしょう。

- サービス間のメッセージング要件としてレイテンシーを低く保ちたい
- 数十万から数百万の大規模なサービスに対してファンアウトを実現したい
- E メールの送信や Mobile push など、Amazon SNS のサポートするサブスクライバーに通知したい

8.4.3 | キューモデルとパブサブモデルを組み合わせる

また、先ほど紹介した「キューモデル」との組み合わせも重要です。ここで、図8.2で紹介した最新の Sample Book Store のアーキテクチャを確認しましょう。次節で紹介する AWS Step Functions を活用した購入ワークフローから Amazon EventBridge に購入確定のイベントが送信されます。Sample Book Store の領収書サービスと通知サービスに、それぞれ同じイベントを送信したいことから、ここでは「パブサブモデル」を活用しています。さらに、領収書サービスと通知サービスはビジネス要件としては即時である必要はないため、Amazon EventBridge から、それぞれのサービスの Amazon SQS キューにメッセージを保存しています。ここでは「キューモデル」を活用しています。よって、購入確定イベントが一時的に増えて高負荷状態になる場合も、対応できます。最終的に、図8.10のようにキューモデルとパブサブモデルを組み合わせることによって、購入ワークフローから購入確定のイベントが送信された後、非同期に領収書の作成とユーザーへの通知が行われることになります。

図8.10 キューモデルとパブサブモデルを組み合わせた構成例

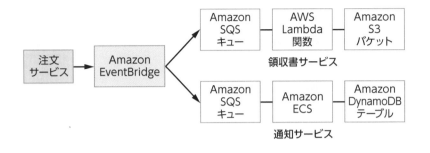

第1章

第2章

第3章

第4章

第5章

第6章

第7章

第8章

8.5 Saga：サービスにまたがったデータ整合性の維持

本節では「Saga」を紹介します。

「8.4 メッセージング：サービス間の非同期コラボレーションの促進」で紹介したとおり、それぞれのサービスを非同期に通信するようにアーキテクチャを変更することで、全体のレイテンシーを低く保ち、負荷をバッファリングできるようになります。アーキテクチャを設計するときには積極的に非同期的な通信を検討することが重要です。

しかし、非同期的な通信を活用したアーキテクチャはメリットだけではありません。デメリット、もしくは追加の考慮事項もあります。具体例を挙げると、トランザクションのような考え方で、それぞれのサービスにまたがったデータ整合性を維持するためにはどうすれば良いのでしょうか。

たとえば、従来のモノリシックなアプリケーションとして購入機能（決済機能や購入履歴機能、ポイント機能を含む）を実行しているとしましょう。決済処理を実行したり、購入履歴を蓄積したり、ポイントを反映します。従来は、単一のデータベースですべてのデータを管理していたため、それぞれのテーブルを操作することになります。当然ながら、データ整合性を維持する必要があるため、すべての操作が成功した場合は確定（コミット）、そして1ヵ所でも操作が失敗した場合はキャンセル（ロールバック）という操作をします。これは図8.11のように、RDBMS（Relational Database Management System）として持っているトランザクションのしくみを使うことになります。

図8.11 RDBMSのトランザクションを使う例

購入機能
・決済
・ポイント

| モノリシック
サービス | = | 共有DB | コミット
or
ロールバック |

しかし、サービスを分割した場合はどうでしょうか。機能ごとにサービスを分割し、適材適所なデータベースを持つため、紹介したRDBMSのトランザクションのしくみを使うことができません。よって、図8.12のように、一部のサービスのみが失敗した場合を考慮する必要があります。これらは一般的に「分散トランザクション」と言われる考え方になりますが、どのようにそれぞれのサービスにまたがったデータ整合性を維持するかという課題です。

図8.12 サービスにまたがったデータ整合性を考慮する必要がある構成例

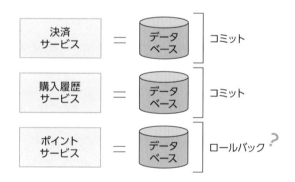

そこでSagaです。Sagaパターンは、それぞれのサービスにまたがったデータ整合性を維持するための分散トランザクションのしくみです[注16]。Sagaでは結果整合性をベースに分散トランザクションを実現できます。そして、実現方法に大きく2種類あります。

- Saga（コレオグラフィ）
- Saga（オーケストレーション）

注16）Sagaはもともと長期生存トランザクションを取り扱うために考えられたデザインパターンです。詳しくはhttps://speakerdeck.com/fatsushi/fen-san-sisutemuniokerusagapatanfalseaws-step-functions-niyorushi-zhuang-number-awsdevday を参照してください。

さらに、Sagaで重要な考え方として「補償トランザクション」というものがあります。わかりやすく言い換えると、取り消し処理や赤伝処理とも表現できるでしょうか。サービスごとに確定（コミット）したデータを取り消すための別の処理です。よって、それぞれのサービスに補償トランザクション用のエンドポイントを追加し、そこに取り消し処理を実装するイメージです。図8.13の例では、決済サービス、購入履歴サービス、ポイントサービスのすべての処理が成功したら正常終了となりますが、ポイントサービスの処理で失敗しています。その場合は、補償トランザクションを実行することで、決済サービスと購入履歴サービスの成功を取り消します。言い換えると、一度データを登録し、もし補償トランザクションが実行された場合は、データを削除または取り消しデータを積み上げることで最終的にデータ整合性を取る考え方です。

図8.13 補償トランザクションの例

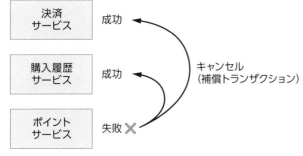

8.5.1 Saga（コレオグラフィ）

ここからは、2種類のSagaの実現方法を順番に説明します。まずは、Saga（コレオグラフィ）です。コレオグラフィを直訳すると「ダンスなどにおける振り付け」という意味となり、たとえば、3人のバレエダンサーがそれぞれうまく踊りながら全体のショーを作り上げるようなイメージです。言い換えると、それぞれのサービスが自律的に他のサービスと協調しながら処理を進めていく形になります。よって、全体を指揮するような役割はなく、それぞれのサービスが責任を持つ考え方です。「8.4.2 パブサブモデル」で紹介をしたファンアウトにも構成は似ていますが、それぞれのサービスが購入イベントを受け付けて処理します。もしどこかしらが失敗した場合は、補償トランザクションを呼び出す購入取り消しイ

ベントを新しく発行します。

　AWSでSaga（コレオグラフィ）を実現する場合、たとえばAmazon Event Bridgeを使ってイベントを伝搬できます。図8.14の例では、購入リクエストがイベントとして決済サービスと購入履歴サービス、ポイントサービスに送信されています。すべて成功すれば、結果的にそれぞれのデータ整合性が取れます。

図8.14 Saga（コレオグラフィ）の構成例

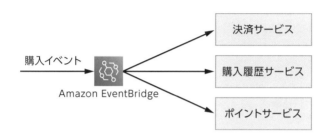

　たとえば、ポイントサービスでエラーになった場合は、リトライを試みます。リトライでもエラーを解消できない場合は、ポイントサービスから取り消し処理のための補償イベントを送信することで、結果的に購入を取り消した状態でデータ整合性が取れます。

8.5.2 | Saga（オーケストレーション）

　次は、Saga（オーケストレーション）です。オーケストレーションを直訳すると「調和を取る」という意味となり、たとえば、オーケストラの指揮者が演奏全体を管理しつつ、それぞれの楽器を担当する人が演奏するようなイメージです。言い換えると、指揮者の役割をするオーケストレーターがそれぞれのサービスの実行結果を判断しながら処理を進めていく形になります。よって、新しくオーケストレーターとして機能するしくみが必要になります。

　AWSでSaga（オーケストレーション）を実現する場合、代表的なサービスとしてはAWS Step Functions[注17]をオーケストレーターとして活用できます。AWS Step Functionsは、図8.15のように、ステートマシンとしてそれぞれのサービスの実行ワークフローを管理できるマネージド型サービスです。また、AWS Step Functionsステートマシンではエラーに対する設定もできます。リトライ

　注17）https://aws.amazon.com/jp/step-functions/

第1章

第2章

第3章

第4章

第5章

第6章

第7章

第8章

（Retry）を設定することで一時的に失敗した場合に対応でき、エラーハンドリング（Catch）を設定することで、エラーになった場合の処理に対応できます。すでに紹介したとおり、Sagaでは「補償トランザクション」という考え方が重要になるため、最終的にエラーになった場合は取り消し処理を呼び出せます。

図8.15を使って、補償トランザクションの具体的な流れを確認しましょう。たとえば、3番目のポイントサービスでエラーになった場合は、まずはAWS Step Functionsのステートマシンでリトライを試みます。一時的なエラーであればリトライによって自動的に復旧できますが、リトライでもエラーを解消できない場合は、AWS Step Functionsでエラーハンドリングを行います。その場合、まずはポイントサービスの取り消し処理を呼び出し、次に購入履歴サービスの取り消し処理を呼び出します。そして最後に決済サービスの取り消し処理を呼び出すことで、結果的に購入を取り消した状態でデータ整合性が取れます。

図8.15 Saga（オーケストレーション）の構成例

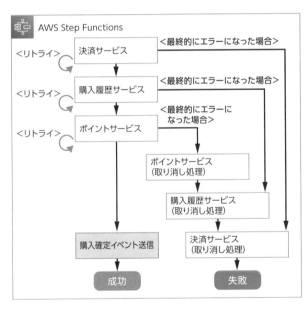

さて、次は Sample Book Store のアーキテクチャをより詳細に紹介します。図8.2のとおり、決済サービスと購入履歴サービス、ポイントサービスをSaga（オーケストレーション）で実現した購入ワークフローに含めています。そして、

購入処理が正常終了となった場合に購入確定イベントを送っています。購入履歴サービスの詳細は次節で紹介し、決済サービスは本書の中では詳細には紹介しませんが、第8章の冒頭で紹介したとおり、それぞれのサービスはAmazon ECSを利用したコンテナワークロードを採用しています。

そこで、AWS Step Functionsステートマシンから、Amazon ECSで実装されたそれぞれのAPIを呼び出します。AWS Step FunctionsではAWS Lambdaと統合できるため、図8.16のとおり、AWS Lambda関数を使ってAPIを呼び出します。さらに、AWS Lambdaに限らず、多くのサービスと統合できます。AWS Step Functionsから購入確定イベントをAmazon EventBridgeに送るため、AWS Lambda関数を使う必要はありません。AWS Step Functionsから直接Amazon EventBridgeにイベントを送信できます。こういった考え方を「直接統合」と言います。なお、AWS Step Functionsのサービス統合には「最適化された統合」と「AWS SDK統合」の2種類があり、とくにAWS SDK統合を使うと、執筆時点で10000を超えるAPIアクションと直接統合できます。

図8.16 AWSサービスと関連付けたSaga（オーケストレーション）の構成例

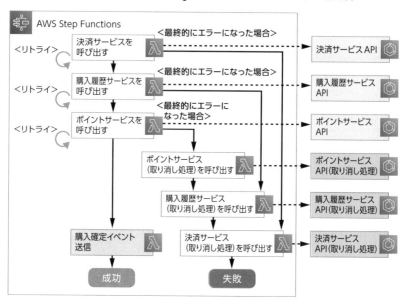

このように、Sagaを活用することで、それぞれのサービスにまたがったデータ整合性を維持するアーキテクチャを構築できます。

第1章

第2章

第3章

第4章

第5章

第6章

第7章

第8章

8.6 CQRS：データの登録と参照の分離

本節では「CQRS」を紹介します。

第7章では、書籍データとお気に入りデータをテーマとし、要件にあったデータベースを選択する必要性を紹介しました。本節では、購入履歴データをテーマとし、要件にあったデータベースの選択とアーキテクチャの検討をします。

8.6.1 購入履歴データ

まず、購入履歴データの要件を整理してみましょう。購入履歴データは、ユーザーに対して購入数分のデータがあり、データ量は多くなる可能性があります。また、過去に遡って購入履歴を確認できる必要もあることから、保持期間も無期限となります。データがどんどん増えていくことから、データ量の観点でスケーラビリティ性に強みのあるデータベース（たとえば、キーバリュー）を検討するのが良さそうです。しかし、アクセスパターンを考慮すると、購入履歴データに対してさまざまな条件で検索をする要件もあり、クエリに柔軟性のあるリレーショナルデータベースを検討するのも良さそうです。このような場合、どちらが良いのでしょうか。

- データ量：1億件以上
  - ビジネスの成長を考慮して最低でも{ユーザー数（100万人）}x{購入数（100回）}を前提にしている
- データ増減パターン：増えていく
- 保持期間：無期限
- アクセスパターン：どちらかと言うと参照が多く、そして検索をすることもある
- 形式：キーバリューもしくはリレーショナル

まずは、Amazon DynamoDBを検討します。第7章で紹介したとおり、Amazon DynamoDBテーブルでは、プライマリキーを指定してテーブルを構成します。そして、アクセスパターンに適したセカンダリインデックスを設計する

ことで、柔軟なクエリを実現できます。購入履歴サービスで以下の要件を実現する場合、たとえば図8.17のようなテーブル構成とセカンダリインデックス構成が考えられるのではないでしょうか。このように、Amazon DynamoDBテーブルにセカンダリインデックスを追加することで多くの検索条件に対応できますが、検索条件に使う属性が増えるとセカンダリインデックスも増えてしまうため、コストや制限（テーブルごとに5個のLSIと20個のGSI（緩和可能）が制限です[注18]）の面が懸念されます。また、もしこれらの検索条件を組み合わせるとすると、より複雑化する可能性もあります。

- ユーザーは、自身の特定の購入履歴を閲覧できる
- ユーザーは、自身の購入履歴の一覧を閲覧できる
- ユーザーは、自身の購入履歴の一覧をフィルタリングして閲覧できる
  - レビューを投稿したか
  - 領収書が発行されたか
  - どの決済方法を選択したか
  - 返品したか[注19]

注18）https://docs.aws.amazon.com/ja_jp/amazondynamodb/latest/developerguide/bp-indexes-general.html
注19）あくまでシナリオとして、誤った電子書籍の購入に対して特定の期間内であれば返品ができる仕様とします。

第1章
第2章
第3章
第4章
第5章
第6章
第7章
第8章

図8.17 テーブル構成とセカンダリインデックス構成

■ユーザーは、自身の特定の購入履歴を閲覧できる

テーブル	パーティションキー	属性						
	購入ID	ユーザーID	購入詳細	購入日	レビューを投稿したか	領収書が発行されたか	どの決済方法を選択したか	返品したか

■ユーザーは、自身の購入履歴の一覧を閲覧できる

GSI1	属性	パーティションキー	属性	ソートキー	属性			
	購入ID	ユーザーID	購入詳細	購入日	レビューを投稿したか	領収書が発行されたか	どの決済方法を選択したか	返品したか

■ユーザーは、自身の購入履歴の一覧をフィルタリングして閲覧できる（レビューを投稿したかどうか）

GSI2	属性	パーティションキー	属性		ソートキー	属性		
	購入ID	ユーザーID	購入詳細	購入日	レビューを投稿したか	領収書が発行されたか	どの決済方法を選択したか	返品したか

■ユーザーは、自身の購入履歴の一覧をフィルタリングして閲覧できる（領収書が発行されたかどうか）

GSI3	属性	パーティションキー	属性			ソートキー	属性	
	購入ID	ユーザーID	購入詳細	購入日	レビューを投稿したか	領収書が発行されたか	どの決済方法を選択したか	返品したか

■ユーザーは、自身の購入履歴の一覧をフィルタリングして閲覧できる（どの決済方法を選択したか）

GSI4	属性	パーティションキー	属性				ソートキー	属性
	購入ID	ユーザーID	購入詳細	購入日	レビューを投稿したか	領収書が発行されたか	どの決済方法を選択したか	返品したか

■ユーザーは、自身の購入履歴の一覧をフィルタリングして閲覧できる（返品したか）

GSI5	属性	パーティションキー	属性					ソートキー
	購入ID	ユーザーID	購入詳細	購入日	レビューを投稿したか	領収書が発行されたか	どの決済方法を選択したか	返品したか

　また、購入履歴データの各属性は、すべてが購入時に決まるわけではありません。購入時には購入IDやユーザーIDなどの購入履歴データの一部の属性は決まりますが、レビューステータス（レビューを投稿したか）や領収書ステータス（領収書が発行されたか）などは、購入後に非同期的に発生します。よって、購入履歴データは時系列に沿って更新されると言い換えることもできます。なお、購入したことやレビューステータスが変更されたことなどは、アプリケーションで取り扱うイベントと表現できます。イベントとはビジネス上、重要な「出来事」で

あり、言い換えると「何かしら変化が起きた記録」のことです。

　ここまでの検討結果から、図8.18のように、ユーザーが購入したときに発生する購入履歴データの登録とユーザーが後日確認する購入履歴データの参照では、アクセスパターンが大きく異なるということに気づけます。こういった場面に検討できるパターンとして「CQRS（Command and Query Responsibility Segregation）：コマンドクエリ責務分離」があります。

図8.18 購入履歴データの登録と参照

8.6.2 | CQRS

　CQRSとは、今まで1つのアプリケーションでまとめて取り扱っていた処理を、データを登録する処理（コマンドと表現します）とデータを参照する処理（クエリと表現します）の役割を分離することにより、アクセスパターンやユースケースの違いに対応できるパターンです。さらに、先ほどの検討結果からもわかるとおり、コマンドとクエリではアクセスパターンが異なるため、それぞれの要件にあったデータベースを選択できます。また、データの参照に負荷が集中するときにはクエリ側のみをスケーリングするなど、コマンドとクエリで異なる負荷にも柔軟に対応できます。なお、図8.19にあるとおり、それぞれで要件にあったデータベースを選択することから、データベース間のデータ連携（もしくは変換）を非同期に行うしくみも必要です。

図8.19 コマンドとクエリで異なるデータベースを選択

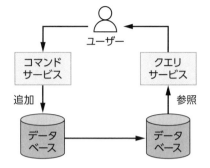

8.6.3 | CQRS実現例

ではさっそく、AWSでCQRSを実現する例を紹介します。

まず、購入履歴データを登録するサービス（コマンドサービス）に対して一部の要件を見直してみましょう。購入履歴データを順次登録していくだけとなるため、アクセスパターンは登録です。また、特定の購入履歴データに対してレビューが投稿されたり、領収書が発行されたりするのも、購入履歴データを直接更新するのではなくイベントとして新たなデータを登録できます（詳しくは次節で紹介します）。このように、大量のデータを登録し、更新せず時系列に積み上げていくようなアクセスパターンにはキーバリューが適しています。今回はAmazon DynamoDBを選択します。

- アクセスパターン：登録
- 形式：キーバリュー

次に、購入履歴データを参照するサービス（クエリサービス）に対しても一部の要件を見直してみましょう。購入履歴データの一覧を参照したり、レビュー済みの購入履歴や、返品をした購入履歴を検索するなど、多くのユースケースがあります。よって、アクセスパターンを考慮してリレーショナルデータベースが適しています。今回はAmazon RDSを選択します。このように、コマンドとクエリで要件にあったデータベースを選択できます。もちろん、検索条件の複雑さや検索対象とするデータの特性によっては、リレーショナルデータベースではなく検索サービスを選択することもあるでしょう。

第1章
第2章
第3章
第4章
第5章
第6章
第7章
第8章

- アクセスパターン：参照、検索
- 形式：リレーショナル

　図8.20を使って流れを説明します。まず、ユーザーが書籍を購入したときに購入履歴データをコマンドサービスを使って登録します。すると、Amazon DynamoDBテーブルにデータが登録されます。Amazon DynamoDBには、データ変更のキャプチャ情報（Amazon DynamoDBテーブル内の項目に加えられた変更に関する情報）をストリーミングできるAmazon DynamoDB Streamsという機能があります。変換サービスでは、この機能を使って、キャプチャ情報から適切なデータスキーマに変換してAmazon RDSテーブルに参照用のデータを登録します。

　その後、レビューステータスの変更などのイベントが追加で発生したとしましょう。そのときにも、コマンドサービスを使って、レビューを登録したというイベント情報をAmazon DynamoDBに登録します。すると、同じくAmazon DynamoDB Streamsでデータ変更のキャプチャ情報がトリガーされ、変換サービスは、レビューステータスのみを更新します。このように、コマンド側のAmazon DynamoDBテーブルではイベント情報を時系列に蓄積しつつ、クエリ側のAmazon RDSテーブルでは参照しやすいスキーマでデータを蓄積します。もし、ユーザーが購入履歴を閲覧する場合は、クエリサービスを使って柔軟なSQLクエリを実行できるため、前述したアクセスパターンを容易に実現できます。

図8.20 コマンド側はAmazon DynamoDB、クエリ側はAmazon RDSを使用

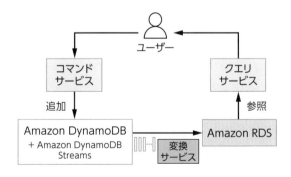

第1章

第2章

第3章

第4章

第5章

第6章

第7章

第8章

8.6.4 | Sample Book Storeへの適用

　図8.2を使って、Sample Book Storeへ適用した構成を確認しましょう。まず、CQRSでは、コマンドサービスやクエリサービス、そして変換サービスを独立したアプリケーションとして実装できます。第8章の冒頭に記載したとおり、Sample Book Storeは、非同期的な通信と同期的な通信でサービス選定をしていました。コマンドサービスとクエリサービスは、Amazon ECSでコンテナベースのAPIアプリケーションを実装し、変換サービスはAmazon DynamoDB StreamsをトリガーにしたAWS Lambda関数でイベント駆動型アプリケーションを実装できます。

8.7　イベントソーシング：イベントの永続化

　本節では「イベントソーシング」を紹介します。

　前節でCQRSを紹介した際に、購入履歴データとして、購入イベントやレビューステータスの変更イベントなど、関連するイベント情報をAmazon DynamoDBテーブルに登録しました。このときに、購入履歴サービスにデータを登録するサービス（コマンドサービス）とデータを参照するサービス（クエリサービス）に分離したことで、データを登録するサービスは時系列に沿ってデータを登録し続けることに専念できました。表現を変えると、購入履歴データの最新データを直接更新したり、返品時には購入履歴データを直接削除したりせず、すべてをイベント履歴として記録していました。

8.7.1 | イベントソーシング

　このように、ビジネスに重要なイベントをログとして、耐久性のあるストレージに保存し、他のサービスに伝搬するパターンを「イベントソーシング」と言います。また、すべてのイベントを時系列に沿って保存し、一度保存したイベントを変更しないというイミュータブルさも特徴です。よって、もしビジネス上、再処理をする必要があるときはイベントを遡って任意の時点の状態まで戻すこともできます。そして、このイベントソーシングは単体でも使えるパターンですが、

すでに紹介をしたCQRSと組み合わせて使うことも多く、前節でも一部紹介しました。

8.7.2 イベントソーシング実現例：Amazon DynamoDB

前節で紹介したCQRSの例では、イベントを管理するデータベースとしてAmazon DynamoDBを採用していました。Amazon DynamoDBは大量のデータを保存でき、キーバリューであることから、決まったスキーマを管理することなく複数のイベントを保存できる点がメリットです。イベントソーシングとしてイベントを永続化するAmazon DynamoDBテーブルの構造例を表8.1に示します。このように、イベントのプライマリキーとして購入ID[注20]とタイムスタンプを設定し、属性として、ユーザーIDやイベントタイプを保存します。詳細にはJSONなど、何かしらのフォーマットで記録することで、すべてのイベントを蓄積できます。なお、購入IDごとの最新の連番を管理する集約テーブルを併用する設計例など、実装例は複数あります。

表8.1 イベント例

購入ID （パーティションキー）	登録日 （ソートキー）	ユーザーID	イベントタイプ	詳細
{UUID-A}	タイムスタンプ	1	購入	
{UUID-A}	タイムスタンプ	1	レビュー済	{レビュー情報など}
{UUID-A}	タイムスタンプ	1	領収書発行	{領収書情報など}
{UUID-B}	タイムスタンプ	2	購入	{購入情報など}
{UUID-B}	タイムスタンプ	2	レビュー済	{レビュー情報など}

またAmazon DynamoDBテーブルでは、前節でも紹介したAmazon DynamoDB Streamsの「変更データキャプチャ」機能を使って、変更のあったデータをAWS Lambda関数など、特定の後続サービスに伝搬できます。この変更データキャプチャでは、どういったデータを伝搬するかという設定として大きく4種類あります。今回の例では、NEW_IMAGEが適切でしょう。

- KEYS_ONLY：**変更された項目のキー属性のみ**
- NEW_IMAGE：**変更後に表示される項目全体**
- OLD_IMAGE：**変更前に表示されていた項目全体**

注20）分散システムにおけるIDの重複を避けるため、本書ではUUID（Universally Unique Identifier）Version 4 を使って購入IDを表現しています。もし、要件として順序性のあるIDを表現する場合はULID（Universally Unique Lexicographically Sortable Identifier）を使うこともできます。

- NEW_AND_OLD_IMAGES：項目の新しいイメージと古いイメージの両方

もし特定の購入IDに対して過去に遡って再処理をする場合や、特定のユーザーに対して過去に遡って再処理をする場合は、Amazon DynamoDBテーブルやセカンダリインデックスにクエリを実行し、取得したデータを後続のAWS Lambdaなどのサービスに伝搬するしくみの実装が必要になります。具体例を挙げると、図8.21のように購入IDと連番の組み合わせで順番に再処理をすることで、特定の購入IDを最新の状態に戻せます。

図8.21 特定の購入IDを最新の状態に戻す

8.7.3 | イベントソーシング実現例：Amazon EventBridge

イベントソーシングを実現するほかの選択肢も紹介します。Amazon DynamoDB以外に、図8.22のようにAmazon EventBridge[注21]もイベントストアとして使えます。Amazon EventBridgeは第5章でも紹介しましたが、イベントバスとして利用でき、幅広くメッセージを後続に伝搬できるサービスです。このイベントバスに、購入履歴に関係するイベントを送信し、それぞれのルールに紐付けたターゲットを呼び出せるため、たとえばAWS Lambda関数を呼び出せます。

また、Amazon EventBridgeには「アーカイブ機能」があり、保持期間を指定して、イベントを蓄積できます。イベントソーシングとして使う場合、保持期間は無期限にするのが良いでしょう。

- 保持期間
  - 無期限
  - n日

注21）https://aws.amazon.com/jp/eventbridge/

第1章
第2章
第3章
第4章
第5章
第6章
第7章
第8章

第8章 モダンアプリケーションパターンの適用によるアーキテクチャの最適化

さらにAmazon EventBridgeには「リプレイ機能」もあります。アーカイブ機能を使って蓄積したイベントに対して、すべてのイベントを保存し、必要なときにアーカイブの範囲を開始時刻と終了時刻で指定してリプレイができるため、特定の期間に対して過去に遡って再処理をする場合はAmazon EventBridgeの機能を使える点がメリットです。

- 再生時間枠
  - 開始時刻
  - 終了時刻

図8.22 Amazon EventBridgeをイベントストアとして使う

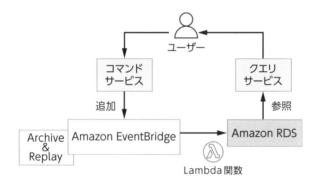

8.8 サーキットブレーカー：障害発生時のサービスの安全な切り離し

本節では「サーキットブレーカー」を紹介します。

「8.4 メッセージング：サービス間の非同期コラボレーションの促進」では、サービス間の通信として「同期的な通信」と「非同期的な通信」を説明しました。そのとき、図8.23のように、「同期的な通信」の課題として、1つのサービスの障害が全体に影響することを説明しました。

図8.23 同期的な通信の課題：信頼性

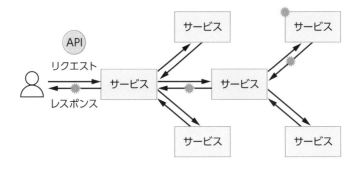

　「非同期的な通信」を採用することでこの課題を解決できますが、要件によっては「同期的な通信」を必要とするケースがあります。そこで、「同期的な通信」におけるサービス障害の全体への影響を止めるためのパターンが「サーキットブレーカー」です。

8.8.1　あるサービスの障害が全体に影響

　サーキットブレーカーパターンを紹介する前に、なぜ1つのサービスの障害が全体に影響するのかを見ていきましょう。Sample Book Storeの「書籍画面」では、画面を表示するために「書籍情報サービス」と「お気に入りサービス」の情報が必要です。API Gatewayサービスがこれらのサービスを同期的に呼び出して、得られた情報を集約してクライアントに返しています。

　たとえば、図8.24のように、「お気に入りサービス」に意図しない高負荷が発生し、API呼び出しに対して正常なレスポンスが返せなくなったケースを想定します。「お気に入りサービス」の内部処理に想定以上の時間がかかるようになり、結果としてHTTPステータスコード500[注22]のエラーを返したり、API呼び出しがタイムアウトになるような状況です。このとき、「書籍画面」を表示するためのAPI Gatewayサービスでは何が起こるでしょうか。API Gatewayサービスは「お気に入りサービス」のAPI呼び出し結果を待機しますが、API呼び出しには想定以上の時間がかかっており、通常よりも長い待機時間が必要になります。また、「お気に入りサービス」のAPI呼び出しがエラーを返したりタイムアウトになることで、正常なレスポンスを取得するためにAPI呼び出しをリトライする

注22）一般的に、500番台のHTTPステータスコードはサーバーエラーを表しています。https://datatracker.ietf.org/doc/html/rfc7231#section-6.6

こともあるでしょう。その結果、クライアントは通常よりも長い期間「書籍画面」の表示を待たされることになります。

　また、API Gatewayサービスが「お気に入りサービス」のAPI呼び出し結果を待機・リトライするために余分なリソースを消費するため、API Gatewayサービス自体が高負荷になる恐れがあります。そうなれば、他のクライアントからAPI Gatewayサービスへのリクエストが遅延したりエラーになるような状況も発生するでしょう。このように、何も対策をしていなければ、1つのサービスの障害は全体に影響します。

図8.24 1つのサービスの障害が他のサービスに影響する

8.8.2 サーキットブレーカー

　先ほどの例では、API Gatewayサービスが「お気に入りサービス」のAPI呼び出し結果を待機・リトライすることで、API Gatewayサービス自体の高負荷につながる可能性を説明しました。ところで、このような状況においてAPI呼び出し結果の待機やリトライは本当に効果があるのでしょうか。もし、「お気に入りサービス」は正常なレスポンスが返せない状況にあると判断でき、API呼び出しを即座に「失敗」とできるのであれば、API Gatewayサービスが余分なリソースを消費することはなくなります。API Gatewayサービスの意図しない高負荷によって、他のクライアントへ影響が出るような状況を回避できるでしょう。このように、問題があると判断したサービスを即座に遮断するためのパターンが「サーキットブレーカー」です。比喩として、家庭にある分電盤のブレーカーを想像するとイメージを持ちやすいでしょう。

　それぞれのサービスが正常に稼働している場合、サーキットブレーカーはリクエストを遮断することなく、サービス間の通信が意図したとおりに行われます。

この状態を「クローズ（先ほどの分電盤を例にすると、ブレーカーの稼働を止めているイメージ）」と呼びます。ここで、あるサービスに障害が発生し、正常にレスポンスが返せなくなった状況を想定します。障害が発生したサービスへのリクエストは遮断され、サーキットブレーカーが即座にエラーを返すようになります。この状態を「オープン（先ほどの分電盤を例にすると、ブレーカーを稼働しているイメージ）」と呼びます。リクエストの遮断後は、障害が発生したサービスが復旧したかどうかを確認します。限られたリクエストを障害が発生していたサービスへ送り、成功・失敗を判断します。この状態を「ハーフオープン」と呼びます。サーキットブレーカーにおける状態遷移を図8.25にまとめました。

- **クローズ**
    - …正常な状態であり、呼び出し先のサービス（ターゲット）に対するリクエストが許可されている
- **オープン**
    - …ターゲットへ実際にリクエストを送ることなく、即座にエラーを返す
- **ハーフオープン**
    - …限られたリクエストがターゲットへ送られる。リクエストが成功する場合はクローズ状態に、失敗する場合はオープン状態に戻る

図8.25 サーキットブレーカーにおける状態遷移

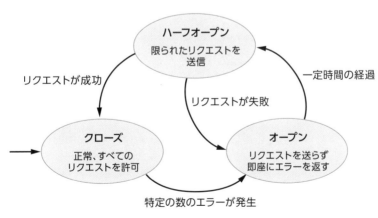

サーキットブレーカーパターンは、この3つの状態により障害の発生したサービスを遮断することで、サービス全体への影響を防ぎます。障害が発生したサー

ビスの遮断、および障害から復旧後の再許可については、図8.26のような流れで
実行されます。

1. 正常な状態であり、ターゲットに対してリクエストが送られている（クローズ状態）。
2. ターゲットに対して、特定の数のエラーやタイムアウトが発生する。
3. サーキットブレーカーが発動（オープン状態）。ターゲットに実際のリクエストを送ることなく、サーキットブレーカーが即座にエラーを返すようになる。
4. 一定時間の経過後、限られたリクエストをターゲットに送り成功・失敗を判断する（ハーフオープン状態）。
5. リクエストが成功したことでターゲットが正常になったと判断し、ターゲットへのすべてのリクエストを再開する（クローズ状態）。

図8.26 サーキットブレーカーによるサービスの遮断

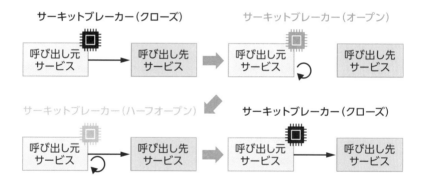

　サーキットブレーカーが発動中の挙動については、要件に応じてどのように振る舞うべきかを検討します。たとえば、前述の「書籍画面」の表示を考えてみます。「お気に入りサービス」が利用できない場合、API Gatewayサービスが「お気に入りサービス」のAPI呼び出し結果を含まない形でクライアントにレスポンスを返すのかエラーを返すのかは検討の余地があるでしょう。
　Sample Book StoreではAPI Gatewayサービスを含めて、それぞれのサービス間のAPI呼び出しにはサービスメッシュを導入しており、サービスメッシュの機能としてサーキットブレーカーを設定しています。詳細は「8.10 サービス

メッシュ：大規模サービス間通信の管理」を参照してください。

第1章
第2章
第3章
第4章
第5章
第6章
第7章
第8章

8.9 サービスディスカバリ：サービスを見つける

本節では「サービスディスカバリ」を紹介します。

8.9.1 「見つける」とは

モダンアプリケーションでは、サービス間を疎結合に接続します。たとえば、図8.27のような構成です。ここでは、アプリケーションプロセスが稼働している仮想マシンやコンテナのことをインスタンスと表現しています。

図8.27 疎結合なサービス例

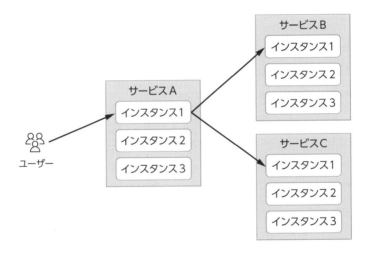

このような構成において、サービス間を接続するためには、それぞれのサービスを「見つける」必要があります。「見つける」をより具体的に表現すると、以下のようになります。

- ユーザーがサービスAのインスタンス①を見つける

- サービスAのインスタンス①が、サービスBのインスタンス①を見つける
- サービスAのインスタンス①が、サービスCのインスタンス①を見つける

　しかし、それぞれのサービスにスケーラビリティを持たせたり、高可用性を実現するために、それぞれのインスタンスは絶えず増減する可能性があります。すると、それぞれのインスタンスを意識することが難しくなります。そこで、より一般的な構成としては、図8.28のようにALBなどのロードバランサを組み合わせます。こうすることで、サービスに接続するユーザーやアプリケーションはロードバランサのDNSにアクセスをすることで「見つける」ことができるため、よりシンプルな構成になります。また、先ほど言及をしたインスタンスの増減にも対応できるため、それぞれのサービス側で負荷分散を行うことができます。

図8.28 ロードバランサでサービスを「見つける」

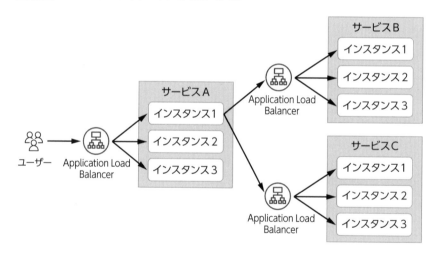

　では、このような一般的な構成に何か課題はあるのでしょうか。観点によっても異なりますが、たとえば、コスト観点で考えてみましょう。それぞれのサービス側でロードバランサを使って負荷分散を行うため、スケーラビリティを持たせ、高可用性を実現でき、高機能な負荷分散を実現できます。その反面、ALBなど負荷分散のためのコンピューティングリソースをサービスごとにプロビジョニングする必要があり、全体的なコストは増える可能性があります。また、サービスBやサービスCは内部用のサービスであるため、ALBほど高機能な負荷分

第1章

第2章

第3章

第4章

第5章

第6章

第7章

第8章

散を必要としない可能性もあります。ここではALBを使わない構成を検討してみましょう。

| 8.9.2 | サービスディスカバリ |

ALBを使わない構成と言っても、どうすれば良いのでしょうか。ALBを使わないと、コンポーネントの増減に対応できず、クライアント側（呼び出し側のサービス）が相手のサービスを意識する必要があり、最初の課題に逆戻りしてしまいます。

そこで「サービスディスカバリ」です。サービスディスカバリを一言で言うと、直訳になりますが「サービスを見つけるしくみ」となります。ではどのように見つけるのでしょうか。それは「サービスレジストリ」と呼ばれるコンポーネントに接続先を登録しておき、呼び出し側のサービスが相手のサービスの接続先を問い合わせます。友人の電話番号を電話帳に登録しておき、いざ電話をするときに電話番号を問い合わせるイメージです。接続先という情報を集約管理するコンポーネントという位置付けです。

サービスレジストリを利用して、サービスAがサービスBとサービスCの接続先を見つけるまでの流れを図8.29で説明します。まず、サービスBとサービスCは、自身のサービスのインスタンスが起動・停止をするタイミングで、サービスレジストリにインスタンス情報（仮想マシンやコンテナのIPアドレス・ポートといった接続情報）を登録・削除するように設定しておきます。次に、サービスAはサービスレジストリに対してサービスBやサービスCのインスタンス情報を問い合わせます。サービスレジストリは登録中のインスタンス情報をサービスAに返却します。これを利用して、サービスAはサービスBやサービスCに接続できます。先ほどの表現に合わせると、サービスレジストリを利用したこの方法ではクライアント側で負荷分散を行うことができます。

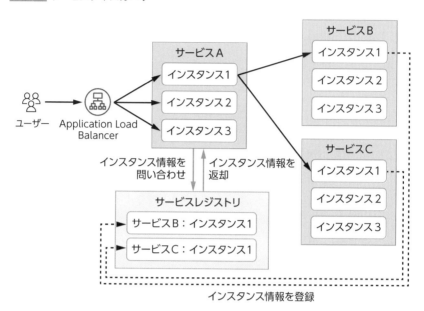

図8.29 サービスディスカバリ

サービスB
インスタンス1
インスタンス2
インスタンス3

サービスA
インスタンス1
インスタンス2
インスタンス3

ユーザー　Application Load
Balancer

サービスC
インスタンス1
インスタンス2
インスタンス3

インスタンス情報を
問い合わせ　　インスタンス情報を
返却

サービスレジストリ
サービスB：インスタンス1
サービスC：インスタンス1

インスタンス情報を登録

8.9.3 | AWS Cloud Map

　AWSでサービスディスカバリを実現する場合、サービスディスカバリとサービスレジストリの機能を持ったAWS Cloud Mapを使うことができます。AWS Cloud Mapはフルマネージドなサービスディスカバリサービスです。AWS Cloud Mapは、図8.30のようにAWS CLIやAWS SDKなどAPIベースで接続先を問い合わせることや、DNSベースで接続先を問い合わせることができます。

第1章

第2章

第3章

第4章

第5章

第6章

第7章

第8章

図8.30 AWS Cloud Map

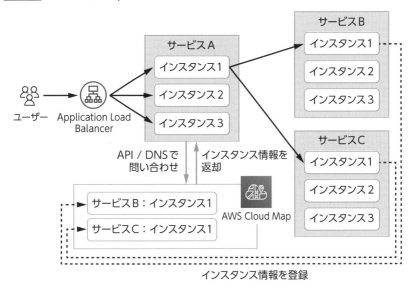

　以下の例では、AWS SDKを使って、サービスBのインスタンスを見つけています。実際にIPアドレスを取得できているため、ここにAPIリクエストを送ることができます。

```ruby
require 'aws-sdk-servicediscovery'

cloud_map_client = Aws::ServiceDiscovery::Client.new

# サービスBのインスタンスを取得
response = cloud_map_client.discover_instances(
  {
    namespace_name: 'sample.local',
    service_name: 'serviceb',
    max_results: 1
  }
)

# 10.0.0.100など、サービスBインスタンスのIPアドレスが表示される
p response.instances.first.attributes['AWS_INSTANCE_IPV4']
```

また、サービスディスカバリを行う場合は、サービスレジストリに登録をする必要があります。たとえば、以下の例では、AWS SDKを使って、サービスBのインスタンスを新しく登録しています。その結果、すでに登録されている3インスタンスに加えて、計4インスタンスを対象にサービスディスカバリを行うことができるようになります。このようにすると、ALBを使わずに同様の構成を実現できます。

```
require 'aws-sdk-servicediscovery'

cloud_map_client = Aws::ServiceDiscovery::Client.new

response = cloud_map_client.register_instance(
  {
    service_id: 'srv-xxxxxxxxxxxxxxxx',
    instance_id: 'serviceb-instance-yyy',
    attributes: {
      AWS_INSTANCE_IPV4: '10.0.0.200'
    }
  }
)
```

8.9.4 | Amazon ECSサービスディスカバリ

Sample Book Storeでは、アプリケーションコンテナの管理にAmazon ECSサービスを利用しています。Amazon ECSサービスでは「Amazon ECSサービスディスカバリ[注23]」機能を利用して、前述のAWS Cloud Mapと連携できます。これにより、図8.31のようにAmazon ECSタスクの起動や停止に合わせてAWS Cloud Mapへのサービスインスタンスの登録と解除が自動で行われるため、より簡単にAWS Cloud Mapによるサービスディスカバリが利用できます[注24]。

なお、実際にはサービスメッシュの中でAmazon ECSサービスディスカバリによって登録されたAWS Cloud Mapの情報を利用しています。詳細は「8.10 サービスメッシュ：大規模サービス間通信の管理」を参照してください。

注23）https://docs.aws.amazon.com/ja_jp/AmazonECS/latest/developerguide/service-discovery.html
注24）第8章で紹介するアーキテクチャでは、内部サービスの相互通信にはサービスディスカバリを利用しています。

図8.31 Amazon ECSサービスディスカバリ

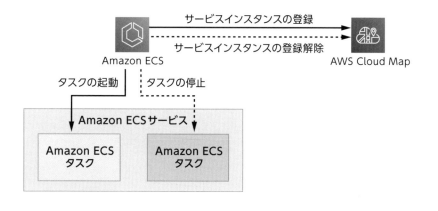

第1章

第2章

第3章

第4章

第5章

第6章

第7章

第8章

> **アクティビティ**　負荷分散の仕組みを構築するには

　本節では、内部用サービスの負荷分散にサービスディスカバリを利用しましたが、外部に公開しているサービスと同様にALBなどのロードバランサを利用した負荷分散もできます。これらの方式を比較する場合、前述で紹介した「コスト観点」以外にも比較要素があります。

　サービスディスカバリを利用する場合、クライアント側と接続先のサービスが直接通信するため、トラフィックがロードバランサのような負荷分散のコンポーネントを経由しません。そのため、ロードバランサを利用する場合と比較して、パフォーマンスの観点では優位と言えるでしょう。一方で、サービスレジストリからのインスタンス情報の取得や、負荷分散のためのアルゴリズムの実装など、クライアント側の処理が複雑になります。

　たとえば、ある接続先サービスについてサービスレジストリが複数のインスタンス情報を返す場合を考えてみましょう。接続先サービスへリクエストを送信するたびにインスタンス情報を取得すると、リクエスト全体の処理時間が増加するため好ましくありません。そのため、サービスレジストリから取得したインスタンス情報を、クライアント側で一定期間キャッシュして利用するケースが想定されます。この場合、キャッシュしたインスタンス情報をラウンドロビンで順番に利用するなど、特定のインスタンスにリクエストを集中させないような負荷分散のしくみをクライアント側に持たせる必要があります。また、信頼性のためにクライアントから接続先サービスに対するヘルスチェックを実行して、正常ではないと判断されるインスタンス情報をリクエストの対象から除

くようなしくみも必要となります(本書のシナリオでは、サービスメッシュを利用することでこれらの複雑さを軽減しています)。

　読者のみなさんのチームでは、どのようにサービス間の負荷分散のしくみを構築しますか。ぜひ考えてみましょう。

8.10 サービスメッシュ： 大規模サービス間通信の管理

　本節では「サービスメッシュ」を紹介します。

　「1.3.4 モジュラーアーキテクチャ」で紹介したマイクロサービスでは、それぞれのサービスの自律性が高く、他のサービスに影響を与えることなく開発やデプロイができます。それぞれのサービスは疎結合であり、サービス間の通信は図8.32のようにネットワークを経由したAPI呼び出しの形で行われます。

図8.32 ネットワークを経由したAPIの呼び出し

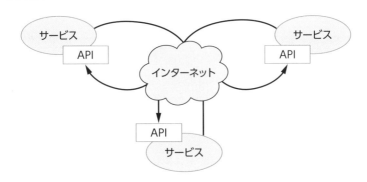

8.10.1 ネットワークは信頼できない

　すべての通信はネットワークを経由しますが、一般的に「ネットワークは信頼できない」と考えられています。スマートフォンで動画を視聴している際に途中で止まってしまった、という経験をした方も多いのではないでしょうか。マイクロサービスにおいても、ネットワークは信頼できないという前提にAPIを呼び出します。そのため、以下のようなトラフィックの制御や可視化の機能を、API

を呼び出すクライアント側に持たせる必要があります。

- リトライ / タイムアウト
- ヘルスチェック
- サーキットブレーカー
- サービスディスカバリ
- ログ / メトリクス / トレーシング

第1章
第2章
第3章
第4章
第5章
第6章
第7章
第8章

8.10.2 | 共通ライブラリ

　前述の機能を持たせる方法として最初に浮かぶのは、それぞれのサービスで利用する共通ライブラリの実装です。たとえば、それぞれのサービスを横断的に管理するインフラチームが実装することで、一貫性のあるトラフィックの制御や可視化を可能にします。共通ライブラリにより、それぞれのサービスのチームが前述の機能を個別に実装することなく、アプリケーションから通信制御の処理が切り離された形で利用できます。

　さて、共通ライブラリの導入によって、通信制御に関する関心事をアプリケーションから切り離すことはできました。しかし、それぞれのサービスが異なるプログラミング言語を採用している場合、図8.33のように、インフラチームが実装する共通ライブラリの種類が増えてしまいます。また、共通ライブラリを修正する場合、すべての種類を修正するだけでなく、それぞれのサービスが新しい共通ライブラリを使うように修正する必要があります。よって、マイクロサービスのような、要件にあったテクノロジーを選択するアーキテクチャを採用する場合、共通ライブラリ自体のメンテナンスコストも考慮しなければいけません。

図8.33 共通ライブラリによる通信制御処理

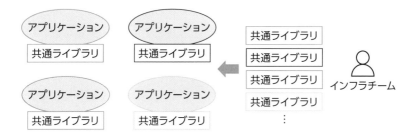

　共通ライブラリの課題を解消しつつ、一貫性のあるトラフィックの制御や可視化を実現する方法として登場したのがサービスメッシュです。サービスメッシュでは、アプリケーションから通信制御の処理を切り離す方法として、アプリケーション間の通信を中継するプロキシを利用します。プロキシは、図8.34のようにアプリケーションから独立したプロセスとして実行されるため、アプリケーションコードにプロキシへの依存関係が含まれません。また、プログラミング言語ごとのプロキシは不要で、メンテナンスコストを抑えることができます。

図8.34 プロキシを用いた通信制御

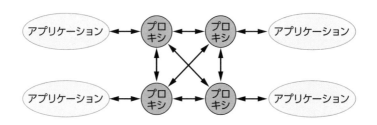

　ただし、この方法にも課題が残っています。通信制御の設定はプロキシが持っているため、設定変更のたびにプロキシをデプロイする必要があります。たとえば、リトライやタイムアウトの設定を更新したいと考えた場合、プロキシの再デプロイが必要です。アプリケーションとプロキシの開発サイクルは異なるため、アプリケーションと合わせてデプロイするためにプロキシの設定反映が遅れるような状況も起こりうるでしょう。

　これらの解決策として、Istio[注25]やAWS App Mesh[注26]などのサービスメッシュのツールやサービスでは、図8.35のようにプロキシを一元管理するためのコントロールプレーンを提供しています。通信制御の設定はプロキシに対して動的に反映されるため、設定変更によるプロキシの再デプロイが不要になります。

注25）https://istio.io/

注26）2026年9月30日をもってAWS App Meshはサービス終了が予定されています。Amazon ECSであればAmazon ECS Service Connectが、Amazon EKSであればAmazon VPC Latticeがサービス間の通信制御を行う選択肢として推奨されています。詳しくはAWSブログなどをご参照ください。https://aws.amazon.com/blogs/containers/migrating-from-aws-app-mesh-to-amazon-ecs-service-connect/、https://aws.amazon.com/blogs/containers/migrating-from-aws-app-mesh-to-amazon-vpc-lattice/

図8.35 コントロールプレーンによるプロキシの一元管理

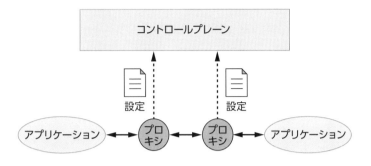

第1章

第2章

第3章

第4章

第5章

第6章

第7章

第8章

8.10.4 | AWS App Mesh

　AWSでは、AWS App Meshを利用してサービスメッシュを構築できます。AWS App Meshは、アプリケーション間の通信を中継するプロキシとしてオープンソースのEnvoy[注27]を利用しており、Envoyを管理するフルマネージドなコントロールプレーンを提供します。

　AWS App Meshは図8.36のようなネットワークモデルを持っています。それぞれの要素は以下を表しています。

- メッシュ
  - …サービスメッシュの論理的な境界。後述の仮想ノードなどのリソースは、メッシュの中に存在する
- 仮想ノード
  - …アプリケーションへの論理的なポインタ。アプリケーション間の通信を中継するEnvoyが仮想ノードにマッピングされる
- 仮想サービス
  - …実際のサービスを抽象化したもの。サービス間の通信を行う場合、仮想ノードは仮想サービスに対してリクエストを送信する
- 仮想ルーター
  - …リクエストのルーティングを管理するロードバランサ。仮想サービスに送信されたリクエストを仮想ノードに振り分ける

注27）https://www.envoyproxy.io/

図8.36 AWS App Meshのネットワークモデル

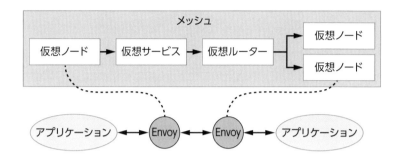

　このネットワークモデルを利用して、サービス間のルーティングやタイムアウトなどのポリシーを設定します。ネットワークモデルはAWS App MeshによりEnvoyの設定に変換され、プロキシとして実行しているそれぞれのEnvoyへ動的に反映されます。

　Sample Book Storeでは、AWS App Meshを利用してサービスメッシュを構築しています。「8.1.2 パターンを適用したSample Book Store」で紹介したように、APIを提供するサービスはAmazon ECSを利用しています。アプリケーションコンテナを実行するAmazon ECSタスクでは、アプリケーションコンテナのサイドカーとしてEnvoyコンテナを実行しています。これにより、AWS App Meshのサーキットブレーカーやサービスディスカバリといった設定がEnvoyに反映され、それぞれのサービス間の通信制御を一元管理できます。

AWS App Meshのサービスディスカバリ

　AWS App Meshのサービスディスカバリについて、もう少し詳しく説明します。「8.9 サービスディスカバリ：サービスを見つける」でも触れたように、Sample Book StoreではAmazon ECSサービスディスカバリを利用しています。これにより、Amazon ECSタスクの起動や停止に合わせてAWS Cloud Mapへのサービスインスタンスの登録と解除が自動で行われています。AWS App Meshでは、プロキシとして実行しているEnvoyのサービスディスカバリとしてAWS Cloud Mapを設定できます。図8.37で示すように、接続元となるアプリケーションが接続先を見つける際に、Amazon ECSサービスディスカバリによるAWS Cloud Mapの登録情報を利用できます。

第1章

第2章

第3章

第4章

第5章

第6章

第7章

第8章

図8.37 AWS Cloud Mapを利用したサービスディスカバリ

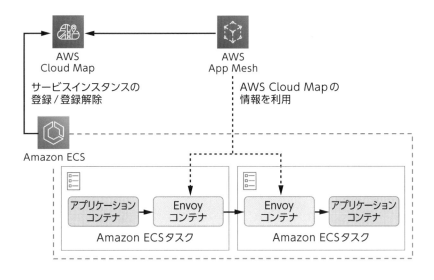

AWS App Meshのサーキットブレーカー

　AWS App Meshのサーキットブレーカーについて、もう少し詳しく説明します。AWS App Meshでは、サーキットブレーカー機能として「外れ値の検出(Outlier detection)」を提供しています。外れ値の検出を設定すると、図8.38のように、クライアントとなるEnvoyが実際のリクエストの結果から接続先サービスの状態を判断し、正常ではない(＝外れ値)と判断された接続先をリクエストの候補から取り除きます。外れ値と判断された接続先は、一定期間が経過した後にリクエストの候補へ復帰します。これにより、正常に応答できない接続先へのリクエストを迅速に遮断できます。

図8.38 AWS App Meshの外れ値の検出

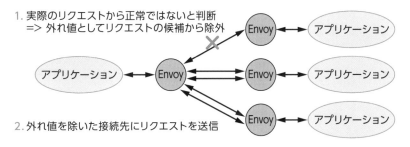

　本節でお伝えしたように、サービスメッシュによって、マイクロサービス間の通信制御におけるさまざまな課題を解決できます。一方で、サービスメッシュを導入することにより複雑性が増加するという側面もあります。

　サービスメッシュは、大きく分けて「コントロールプレーン」と「データプレーン」の2つの要素で構成されます。サービスメッシュを運用するにあたり、コントロールプレーンという観点では、管理するアプリケーションが1つ増えることになりますので、その分だけ運用コストが増大することを意味します。データプレーンという観点では、アプリケーションと合わせてプロキシをデプロイするため、管理対象のコンポーネントが1つ増えることになります。サービス間の通信で意図せず問題が発生した場合は、アプリケーションとプロキシ、どちらに対してもトラブルシューティングが必要になるでしょう。また、マイクロサービス間の通信制御をどのように設定するのかなど、サービスメッシュ自体の学習コストも発生してきます。このように、サービスメッシュの導入は、ある程度の運用コストや学習コストの増加をもたらす可能性があります。

　ここでのポイントは、サービスメッシュを導入することで得られるメリットを、あらかじめ評価しておくことです。たとえば、あるマイクロサービスで構成されているシステムについて、以下のような状況を考えてみます。

- 各マイクロサービスは、同じプログラミング言語・フレームワークで構成されている
- インフラチームがサービス間通信のための共通ライブラリを提供しており、リトライやサーキットブレーカーなどを設定できる
- トレースデータを含めて、メトリクスやログなどを収集・表示するためにSaaSを導入しており、各マイクロサービスでSaaSの提供するライブラリを利用している

　このようなマイクロサービスでは、共通ライブラリやサービスメッシュが解決しようとしているサービス間のトラフィック制御や可視化については、すでに対応できています。トラフィック制御について、各マイクロサービスが採用しているプログラミング言語やフレームワークといった技術要素の差が少ないため、共通ライブラリのメンテナンスコストは比較的小さく抑えられます。可視化についてはSaaSを利用することで、インフラチームの負担を増やすことなく実現できています。この場合、新たにサービスメッシュを導入することで得られるメリットは限定的となり、サービスメッシュへの移

行コストやサービスメッシュ自体の学習・運用コストに対してメリットが見合わなくなるでしょう。

また、サービスメッシュはアプリケーションに対して透過的なしくみとなるため、必要になる運用コストや学習コストをメリットが上回ると判断できるタイミングで導入するという判断もできます。

読者のみなさんのチームでは、サービスメッシュの導入をどのように評価し、またどのタイミングで導入を実施しますか。ぜひ考えてみましょう。

第1章
第2章
第3章
第4章
第5章
第6章
第7章
第8章

8.11 フィーチャーフラグ：新機能の積極的なローンチ

本節では「フィーチャーフラグ[注28]」を紹介します。

第1章で紹介したとおり、モダンアプリケーションとは、変化を受け入れて前進をし続ける開発戦略でした。本書ではこれまで、第3章でThe Twelve-Factor Appのプラクティス「コードベース」を紹介し、コードベースとアプリケーションが1:1の関係になっていることの重要性を解説しました。そして第6章では、CI/CDパイプラインを構築する重要性や、ブランチ戦略を選択する際の考慮点を解説しました。このように、アプリケーションを継続的にリリースするためのプラクティスはこれまでも紹介してきましたが、本節ではさらにフィーチャーフラグに関して解説します。

8.11.1 フィーチャーブランチとは

その前に、フィーチャーブランチについて振り返りをしておきましょう。AWS CodeCommitやGitHubなどを使った一般的なブランチ戦略では、図8.39のように、メインブランチ（mainやmasterなど）と言う中心的なブランチを軸に新機能の開発などのプロジェクトごとにフィーチャーブランチを作り、並行開発を行います。そして、フィーチャーブランチを使って開発やコードレビュー、テストなどすべての作業が終わり次第、プルリクエストをメインブランチに取り込むことにより、新機能の最新のコードがメインブランチに追加されます。その後、デプロイをすることで、ユーザーは新機能を体験でき、リリース完了となり

注28）フィーチャーフラグ（機能フラグ）は、フィーチャートグル（機能トグル）と言われることもあります。本書ではフィーチャーフラグに統一します。

ます。このように、開発の現場では並行開発が行われることが多く、フィーチャーブランチを使うことで、それぞれの開発をメインブランチから独立して行える点がメリットです。

図8.39 フィーチャーブランチ

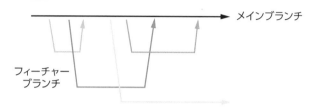

しかし、このようにフィーチャーブランチを使って並行開発を行う場合に、フィーチャーブランチの存在する期間が長期化してしまうという経験はありませんでしょうか。フィーチャーブランチを長く使い続けていると、以下のような運用面での課題が出てきます。多くの開発の現場では、これらの課題を理解した上で、うまく運用をされているのではないでしょうか。

- コンフリクト
  - …フィーチャーブランチを使った並行開発が長期化すると、メインブランチと独立したコードの修正が続きます。結果的にメインブランチとフィーチャーブランチ間で同じファイルを修正してしまうなど、コンフリクトが起きやすくなり、コンフリクトの解決に時間がかかってしまいます
- コード修正量
  - …フィーチャーブランチを使って新機能を開発する場合、ビジネスロジックなど、多くのコードを追加したり、修正したりする必要があります。その結果、メインブランチとフィーチャーブランチ間の差が大きくなり、フィーチャーブランチを取り込む際の影響範囲が大きくなってしまいます。コードレビューの負荷も高まります。正常にリリースできれば良いですが、もし何かしらの障害が発生した場合は、影響範囲の特定も難しくなります。もしロールバックをする場合は、取り込んだすべてのコードを戻すことになるでしょう

第1章

第2章

第3章

第4章

第5章

第6章

第7章

第8章

第
8
章
モダンアプリケーションパターンの適用によるアーキテクチャの最適化

　さらに一歩踏み込んで考えてみましょう。フィーチャーブランチを使って開発をした新機能をリリースするときに、ビジネス要件によってはリリースタイミングが厳格に決まっていることもあります。決まったリリースタイミングに合わせて新機能をユーザーにリリースする場合、複数のアプリケーションインスタンスにそれぞれのコードをデプロイする必要があります。もし、部分的にデプロイをするローリングデプロイを採用していて、さらにアプリケーションインスタンスが多いと、デプロイ完了までの時間を正確に見積もることは難しくなります。また、デプロイに失敗してしまう可能性もあります。リリースタイミングが厳格に決まっていることは、運用の難しさにもつながります。

column

トランクベース開発

　トランクベース開発は長命なブランチをトランク（本書ではメインブランチと表現しています）、つまりGitでいう「main」のようなブランチ1つに限定して、日常の開発はすべてこのトランク上で行う、というブランチ戦略です。ブランチを利用しない開発と思われるかもしれませんが、必ずしもそうではありません。たとえば、短命なブランチでプルリクエストを作成し、そこでユニットテストや静的解析、コードレビューを実施し、終わったらすぐにトランクにマージする、ということもあります。つまり、長期で維持されるブランチを作らず、トランクにコードをマージし続けしましょう、という開発スタイルがトランクベース開発、というわけですね。

　最初にこの戦略を耳にすると、少し先進的すぎる、と感じることもあるかもしれません。しかし、実際にはトランクベース開発はモダンアプリケーションにおいては必須といっていいほど重要な考え方です。

　たとえば、トランクベース開発でない場合、継続的インテグレーションは効果を発揮できません。

　「インテグレーション」という言葉は、たとえば「あるブランチのコンパイルが通ること、すなわちソースコードがコンパイラのチェックを通って統合されたこと」などと定義できるかもしれません。その定義を採用している現場では、あるブランチに変更が走ったときにビルドが走る、という状態を継続的インテグレーションと呼んでいることもあります。

　しかし、本書で採用しているインテグレーションはもっと広い意味のものです。すなわち、図8.40のように、コードベースが1つのトランクに統合されている状態を維持し続けるということも意味しています。

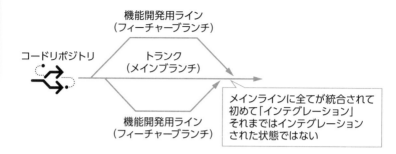

図8.40 インテグレーション

つまり、トランクベース開発は、本書の「継続的インテグレーション」の前提となっているわけです。

実際、このようにブランチがインテグレーションされていない状態では品質を担保できません。第6章でも述べたように、長期に維持されるブランチが増えれば増えるほど、マージにかかる工数や不整合も増えていきます。とくに不整合については注意が必要です。

たとえば、図8.41のように、あるメソッドの中身がフィーチャーブランチで変更されていたとします。その変更に気づかず、別のフィーチャーブランチでそのメソッドを呼び出すよう修正した場合、両者がマージされるとどうなるでしょうか。コンフリクトは発生しないかもしれません。しかし、挙動としては不整合が発生するでしょう。ブランチの寿命が長くなるほど、このような不整合は増えていき、検出、解消が難しくなります。

図8.41 コンフリクトしない不整合

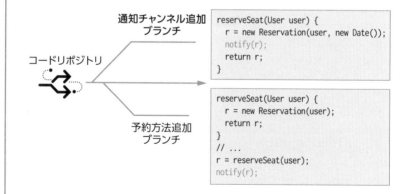

マージに伴うこのような不整合に対処するには、トランクベース開発により、頻繁にコードをトランクにマージし、検証することが有効です。

一方で、トランクベース開発がモダンアプリケーションに重要だとしても、現場によってはすぐに導入できるとは限りません。たとえば、以下のようにトランクへのマージに長時間かかってしまう場合、日常の開発でトランクを更新し続けることは難しいでしょう。

- トランクへのマージに長大なレビュー、承認、押印作業が必要とされる
- マージしたときにトリガーされるテスト、検証に長時間かかり、結果が返るまで次の開発に進めない

このようにトランクへのマージが高コストであれば、開発者はなるべくトランクへマージする頻度を抑え、多くの変更をまとめてマージしようと考えます。したがって、継続的なインテグレーションからはかけ離れた状態となるわけです。

このケースでは組織的な文化や考え方が要因になっていることも多く、一朝一夕でトランクベース開発を採用することは難しいかもしれません。しかし、レビュープロセスであれば、以下のような施策でトランクベース開発に向けて改善していくことができます。

- プルリクエストが出されたら、開発の手を止めて即対応するというルールを設ける
- AIによる自動コードレビューで省力化する
- ペアプログラミングを行い、コードを実装しながらレビューをする

トランクのテストや検証に長時間かかるという場合はいかがでしょうか。ストレートに解決するなら、マージ時のテストにかかる時間を少なくするということになります。つまり、以下のような対策です。

- ユニットテストがデータベースやキューと接続するようなものになっているのであればモックに置き換える
- テスト環境をコンテナで用意するなど、テスト実行の度に新しい環境を利用する。これによりテストを並列で実行できるようにする
- 開発者が手元の環境でテストできるようにし、コードをPushする前に気軽に検証できるようにする

また、CI/CDが適切に運用されているようであれば、少々テストにかかる時間が長くても問題ないと考えることもできます。コードを実装してトランクにマージしたなら、後はCI/CDのプロセスが検証してくれるので、開発者は結果を待つことなく次の開発に移れるはずだからです。そのためには、それぞれのマージ、つまり開発の単位が独立している必要があります。あるマージとあるマージが依存し合っているようであれば、マージの結果がでるまで次のマージに進むことができません。

そうした観点で参考にできる考え方として、INVEST[注29]と呼ばれるものがあります。

第1章
第2章
第3章
第4章
第5章
第6章
第7章
第8章

第8章　モダンアプリケーションパターンの適用によるアーキテクチャの最適化

INVESTは、Independent（独立した）/Negotiable（交渉可能）/Valuable（価値のある）/Estimable（見積り可能）/Small（小さい）/Testable（テスト可能）の頭文字をとったもので、アジャイル開発においてどのような単位で開発するべきかの基準としてよく利用されます。マージの単位や今、利用しているバックログのアイテムがINVESTなものになっているか確認することで、トランクへマージする時間を減らしたり、マージにかかる時間の影響を少なくできるでしょう。

　また、マージコストのほかに、リリースの調整もトランクベース開発の導入を難しくする要因になることがあります。

- 本番環境に機能のリリースするタイミングを制御したい
- リリース前の手動検証に長時間かかり、コードをフリーズする必要があるが、その間、開発を停止したくない

　つまり、本番環境の元になるトランクの変更が発生しないよう制御しつつ、開発を継続するためのブランチが必要であるということです。

　これらは、ブランチ戦略、リリース戦略を再検討することで対処可能なこともあります。たとえば、リリースタイミングの制御については、本節で解説しているフィーチャーフラグを利用することで、トランクベース開発を取り入れつつ機能のリリースタイミングを別に制御できます。

　手動の検証に長時間かかっている場合、検証チームのアサインや検証項目の手動での消化、承認フローに時間がかかるというケースがあり、テクニックだけでなく組織上のプロセス改善が必要なこともあります。しかし、ブランチ戦略で考えるなら、図8.42のように、トランクベース開発に「リリースブランチ」を取り入れることで改善できるかもしれません。つまり、リリースする際に、専用のブランチを作り、そのブランチ上で手動のプロセスを実施するという手法です。

図8.42 リリースブランチ

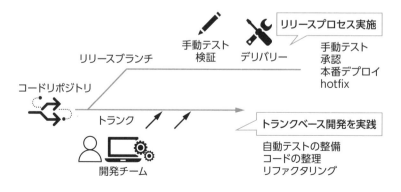

このようなリリースブランチは、マージされることがないので、長命なブランチ運用で問題になりがちなコンフリクトや不整合の問題を回避できます。リリースに手動プロセスが多く残る場合でも、トランクベース開発を導入できます。

　この状態から、自動テストの拡充など、リリースプロセスの自動化を進めていけば、リリースブランチで実施することが少なくなっていきます。最終的にはリリースブランチが不要になることもあるでしょう。そうなればトランクベース開発としては理想的ですね。

　これは、継続的インテグレーション、継続的デリバリーが実践できている状態でもあります。トランクベース開発への移行は、CI/CDを導入するための第一歩でもあるのです。

8.11.2 | フィーチャーフラグとは

　では、本項で紹介するフィーチャーフラグとは何でしょうか。フィーチャーフラグを一言で表現すると「リリース時にコードを書き換えることなく、動的にアプリケーションの振る舞いを切り替えるしくみ」と言えます。よって、新機能のコードをユーザーにリリースしない状態でサイレントにデプロイしておき、フィーチャーフラグと言われる「スイッチ」をOFFからONに切り替えることで、ユーザーにリリースされるしくみです。新機能のデプロイタイミングとリリースタイミングを分離できることに価値があります。また実装の工夫によっては、すべてのユーザーにリリースするのではなく、一部のユーザーにだけリリースをすることもできます。

　フィーチャーフラグを比喩で表現してみましょう。たとえば、クリスマスシーズンが近づき、12月1日からイルミネーションを点灯させるとしましょう。そのためには、木にキラキラと輝くライトをぐるぐると巻き付けておくという準備が必要になります。12月1日から点灯するとしても、点灯の直前に準備を終わらせることはできず、実際には11月から気づかれないようにライトを巻き付けておくことになるのではないでしょうか。そして、いざ点灯させるというタイミングになったらスイッチをONにすることで、街を歩く人はパッとイルミネーションの輝きを楽しめます。これは、準備をサイレントにデプロイしておき、スイッチを切り替えることでリリースをする例と言えるのではないでしょうか。

　フィーチャーフラグの導入により、先ほど紹介したリリースタイミングが厳格に決まっている場合でも、新機能をユーザーにリリースするタイミングで必要になる作業はスイッチをONにすることだけです。運用の難しさを改善できています。

さらに、先ほど紹介したフィーチャーブランチの存在する期間が長期化してしまうという課題も、フィーチャーフラグの導入により改善できます。

- コンフリクト
  - …新機能のコードをユーザーにリリースしない状態でサイレントにデプロイできることで、フィーチャーブランチの存在する期間が長期化せず、頻繁にメインブランチに取り込めます。結果的にコンフリクトが起きにくくなるのではないでしょうか
- コード修正量
  - …同じくフィーチャーブランチの存在する期間が長期化しないため、コード修正量を少なく抑えることができ、繰り返しデプロイできるようになるのではないでしょうか

8.11.3 | Sample Book Storeへの適用

では、Sample Book Storeの例を使って、フィーチャーフラグの適用例を考えていきましょう。Sample Book Storeのシナリオでは、ポイントサービスでフィーチャーフラグを活用しています。具体的には、第5章にも登場した「ポイントサービス」の機能として、購入額に応じて追加のポイントが付与されるポイントキャンペーンが4月1日の9時から開始することを考えてみましょう。

そのためには、ポイントサービスのポイント付与ロジックを修正する必要がありますし、キャンペーンで付与されたポイントを画面で確認するためにAPIの修正やフロントエンドの修正も必要になります。また、ポイント情報を保存するデータベースのスキーマ変更も必要になる可能性もあります。このように、フロントエンドやバックエンド、そしてデータベースにまたがるリリース作業を、キャンペーンを開始する4月1日の9時ちょうどに行うのはリスクがあります。リリース時間も前後しますし、リリースに失敗した場合の影響も大きくなります。

そこで、図8.43のようにフィーチャーフラグを使うことで、事前にリリースをしておき、4月1日の9時になったらフラグをONに切り替えるだけでキャンペーンを開始できるようにします。ここからは、ポイントサービスにフィーチャーフラグを導入する例を紹介しますが、実際にはフロントエンドサービスなど、関連するサービスすべてでフィーチャーフラグを参照した実装をしておく必要があります。

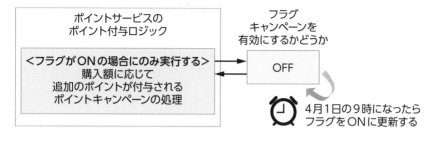

図8.43 ポイントサービスにフィーチャーフラグを導入する例

第1章

第2章

第3章

第4章

第5章

第6章

第7章

第8章

8.11.4	フィーチャーフラグの実装

　では、フィーチャーフラグをどのように実現すれば良いでしょうか。サンプルコードを使って紹介します。まず、最もシンプルな例は、以下のようにフラグを判別するif文をコードに含めることです[注30]。ここではフラグの値をflag = falseとコードに直接記述していますが、環境変数も使えます。このように実装することで、ユーザーに新機能をリリースせずにデプロイまでを終えられます。リリースをする時はフラグの値をflag = trueのように切り替えます。シンプルな例ではありますが、新機能のデプロイタイミングとリリースタイミングを分離できています。

```
flag = false

if flag then
  #
  # 新機能コード
  #
end
```

　上記コードでは、フラグの値を切り替えることで、すべてのユーザーに同時にリリースできます。しかし、場合によってはすべてのユーザーではなく、一部のユーザーにのみ先行してリリースしたいという要件もあるはずです。どのように実現すれば良いでしょうか。少しコードを拡張してみましょう。

　たとえば、ユーザーIDを活用し、ユーザーIDの値を10で割った余りからユーザーをグルーピングできます。そして、いくつかのグループにのみ新機能をリリースするというイメージです。以下の例では、ユーザーIDを10で割った余

注30）Rubyのサンプルコードです。

りが0である場合に新機能が提供されるため、図8.44のように、すべてのユーザーに対して10%のユーザーにのみ新機能をリリースできます。

```
user_id = 100

flag = true
flag_groups = [0]

if flag && flag_groups.include?(user_id % 10) then
  #
  # 新機能コード
  #
end
```

図8.44 10%のユーザーにのみ新機能をリリースするイメージ図

また、flag_groups = [0, 1, 2]のように増やしていくと、図8.45のように、すべてのユーザーに対して30%のユーザーにのみ新機能をリリースできます。あくまで、簡易的なコードでの表現となりますが、フィーチャーフラグはさまざまな方法で実現できることを紹介しました。

```
user_id = 100

flag = true
flag_groups = [0, 1, 2]

if flag && flag_groups.include?(user_id % 10) then
  #
  # 新機能コード
  #
end
```

第1章

第2章

第3章

第4章

第5章

第6章

第7章

第8章

図8.45 30%のユーザーにのみ新機能をリリースするイメージ図

8.11.5 フィーチャーフラグと設定の外部化

さて、コードを使ってフィーチャーフラグを実現する方法を紹介してきましたが、依然として、フラグを切り替えるためにはコードのデプロイが必要です。フラグだけではありますが、リリースをするには苦労が伴います。第3章で紹介をしたBeyond the Twelve-Factor Appのプラクティス「設定の外部化」を思い出しましょう。アプリケーションコードとフラグを分離できると良さそうです。そこで、AWS Systems Manager Parameter Storeにフラグ情報（フラグやフラグを制御する情報）を外部化してみましょう。文字列（String）と文字列のリスト（StringList）を使って表8.2の4種類のパラメータを登録しました。

表8.2 4種類のパラメータ

名前	種類	データ型	データ
/sample/dev/campaign/flag	String	text	true
/sample/dev/campaign/group	StringList	text	0,1,2
/sample/prd/campaign/flag	String	text	false
/sample/prd/campaign/group	StringList	text	0,1,2

以下のように実装をすると、コードとフラグをうまく分離できました。新機能を有効化するときは、パラメータを更新するだけです。すばやくリリースできます。

```
require 'aws-sdk'

ssm_client = Aws::SSM::Client.new
```

```
env = 'prd'
user_id = 100

flag = ssm_client.get_parameter(name: "/sample/#{env}/campaign/flag").
parameter.value == 'true' ? true : false
flag_groups = ssm_client.get_parameter(name: "/sample/#{env}/campaign/group").
parameter.value.split(',').map(&:to_i)

if flag && flag_groups.include?(user_id % 10) then
  #
  # 新機能コード
  #
end
```

8.11.6 フィーチャーフラグの管理をサービスに任せる

　フィーチャーフラグが増えてくると、管理がたいへんです。また、10%や30%
単位ではなく、より細かく実現しようとすると実装に一手間かかります。そこ
で、この管理もサービス側で実現できると便利です。今回はAmazon Cloud
Watch Evidentlyを使った方法を紹介します[注31]。Amazon CloudWatch Evidently
は、Amazon CloudWatchの機能で、フィーチャーフラグの管理やモニタリング
を実現します。

　Amazon CloudWatch Evidentlyでは、プロジェクトの中に「機能」を追加しま
す。機能はAmazon CloudWatch Evidentlyの中心的な設定で、以下のバリエー
ションタイプを使って複数のバリエーションを設定できます。

- ブール値 (Boolean)
- 長整数 (Long integer)
- 倍精度浮動小数点数 (Double precision floating-point number)
- 文字列 (String)

　今回は、表8.3のように、キャンペーン機能を設定します。

注31）https://aws.amazon.com/jp/about-aws/whats-new/2021/11/amazon-cloudwatch-evidently-feature-experimentation-safer-launches/

表8.3 キャンペーン機能の設定に使うバリエーション

バリエーション名	値	デフォルト
campaign-off	false	○
campaign-on	true	

第1章

第2章

第3章

第4章

第5章

第6章

第7章

第8章

　この時点でフラグ情報を取得できます。以下はコード例です。まだ機能しか設定していないため、必ずフラグはfalseが返ってきます。この状態でデプロイできます。

```ruby
require 'aws-sdk-cloudwatchevidently'

evidently_client = Aws::CloudWatchEvidently::Client.new

user_id = 100

response = evidently_client.evaluate_feature(
  {
    entity_id: user_id.to_s,
    project: 'sample',
    feature: 'campaign'
  }
)

flag = response.value.bool_value

if flag then
  #
  # 新機能コード
  #
end
```

　次に「起動」を追加します。起動も Amazon CloudWatch Evidently の中心的な設定で、機能を柔軟に配信できます。具体的にはバリエーションごとに配信する割合を設定できます。そして、即時配信するだけではなく、スケジュール設定もできます。今回のシナリオでは、4月1日の9時に配信開始するように設定できます。割合はcampaign-onを100%にしました。もし段階的にリリースをする機能であれば割合を変更できます。機能を追加してもコードは変更ありません。上

記コードのevaluate_feature関数の実行結果が変わります。

8.11.7 | フィーチャーフラグのタイプ

今回は新機能を事前にリリースしておき、タイミングが来たらフラグを切り替えてリリースというフィーチャーフラグを紹介しました。実はフィーチャーフラグの用途はほかにもあります。たとえばmartinfowler.comの記事[注32]では、大きく4種類のフィーチャーフラグのタイプが紹介されています。今回紹介したのは、この「リリーストグル」に該当します。ダークローンチとも言います。

- Release Toggles（リリーストグル）
  - 新機能を事前にリリースしておく
- Experiment Toggles（実験トグル）
  - 機能を改善するときに効果検証をする=A/Bテスト
- Ops Toggles（運用トグル）
  - 機能の様子がおかしいときに無効化する=ブレーカー
- Permission Toggles（許可トグル）
  - 特別なユーザーにのみリリースする

Amazon CloudWatch Evidentlyの実験では、この実験トグルも実現できます。1ヵ月のように期間を指定し、割合で機能を配信できます。起動と似ていますが、実験期間を指定できる点と、それぞれのビジネスメトリクスを比較できる点が異なります。たとえば、レコメンデーションアルゴリズムによって、売上が改善されたかどうかを判断できます。なお、ビジネスメトリクスを比較するためにアプリケーション側からAmazon CloudWatch Evidentlyに登録する必要があります。

8.11.8 | それ以外の方法

これまで、フィーチャーフラグを独自実装する方法とAWS Systems Manager Parameter StoreやAmazon CloudWatch Evidentlyを使った方法を紹介しました。ほかにもAWS AppConfigフィーチャーフラグ[注33]を使う方法や、Optimizely[注34]や

注32）https://martinfowler.com/articles/feature-toggles.html
注33）https://docs.aws.amazon.com/ja_jp/appconfig/latest/userguide/appconfig-creating-configuration-and-profile.html
注34）https://www.optimizely.com/

第1章

第2章

第3章

第4章

第5章

第6章

第7章

第8章

Unleash[注35]などのSaaSを使う選択肢もあります。コストや運用負荷や組織の
SaaS利用方針などによって選択すると良いでしょう。

8.12 分散トレーシング： サービスを横断するリクエストの追跡

本節では「分散トレーシング」を紹介します。

「4.4 オブザーバビリティ（可観測性）」にて、システムがオブザーバビリティを獲
得するためのデータの1つとしてトレースデータを紹介しました。マイクロサービ
スのような分散システムを実行している場合、図8.46のようにリクエストが複数
のサービスをまたいで実行される場合があります。また、マイクロサービス間の
リクエストだけではなく、データベースへの問い合わせやSaaSのような外部API
を実行することもあるでしょう。

図8.46 複数のサービスをまたいで実行されるリクエスト

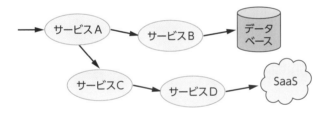

たとえば、ユーザーから「夜間にアプリケーションのレスポンスが遅くなる」
というフィードバックがよせられたとしましょう。ユーザーが感じた遅さは、
サービス全体のレスポンスタイムであるため、複数のサービスをまたいで実行さ
れるリクエストでは、それぞれの呼び出しに対する処理時間を分析する必要があ
ります。それぞれのサービスにおける処理時間を分析するには、特定のリクエス
トに紐づいており、サービスを横断して追跡ができるデータが必要です。このよ
うなデータをトレースデータといいます。

8.12.1 トレースデータとAWS X-Ray

トレースデータは、サービスを横断してリクエストを追跡するためのデータ構

注35）https://www.getunleash.io/

造を持ちます。ここでは、分散アプリケーションの分析やデバッグを行える
AWSサービスとしてAWS X-Ray[注36]を例にして説明します。

　AWS X-Rayでは、サービスとして実行されているアプリケーションがユー
ザーからのリクエストを受け取ると、図8.47のように、アプリケーションの処理
した作業の詳細をセグメントというデータとして送信します。セグメントには、
リクエストの開始時刻や終了時刻、そしてAWSリソース名やリクエストの詳細
情報など、アプリケーションの処理に関するデータが含まれています。セグメン
トはアプリケーションの単位で送信されるため、ユーザーからのリクエストを処
理したそれぞれのアプリケーションに対するセグメントのデータが収集されま
す。また、セグメントを生成するアプリケーションがAWSサービスと連携した
り、外部APIを実行したり、またデータベースにSQLを発行したりする場合、
これらの処理に関する詳細はサブセグメントとして記録されます。サブセグメン
トは、それを生成したセグメントと親子関係にあります。

図8.47 トレースとセグメント、サブセグメントの関係図

　このように、複数のサービスをまたいで実行されるリクエストでは、それぞれ
のサービスでセグメントデータが生成されます。これらのセグメントには、ユー
ザーからのリクエストを識別するためのユニークなトレースIDが付与されてい
ます。トレースIDによって、ユーザーからのリクエストに対応するセグメント・
サブセグメントがグループ化されるため、図8.48のように、それぞれのサービス
における処理時間が分析できるようになります。

注36）https://aws.amazon.com/jp/xray/

図8.48 AWS X-Rayのトレースデータ

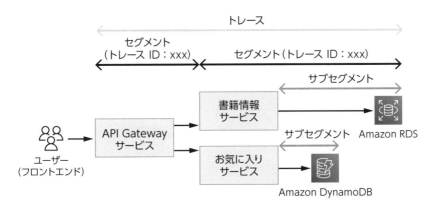

第1章

第2章

第3章

第4章

第5章

第6章

第7章

第8章

セグメントやサブセグメントといったトレースデータを生成するためには、アプリケーションにAWS X-Ray SDKを組み込み、いくつかのコードを追加する必要があります。AWS X-Ray SDKは、GoやRuby、Javaなど、複数のプログラミング言語をサポートしているため、それぞれのアプリケーションで要件にあったプログラミング言語を採用している場合でも対応できます。また、トレースデータはアプリケーションに組み込んだAWS X-Ray SDKから直接AWS X-Rayに送信するのではなく、図8.49のように、AWS X-Rayデーモンというコンポーネントによって送信されます。AWS X-Ray SDKを利用すると、AWS X-Rayデーモンにトレースデータを送信する処理も自動化できます。

図8.49 トレースデータを収集する流れ

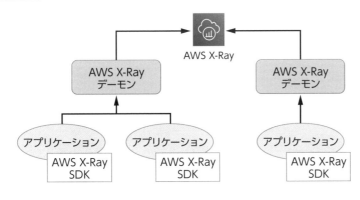

トレースデータを生成するために、OpenTelemetry[注37]を使うという選択肢もあります。OpenTelemetryは、Cloud Native Computing Foundation（CNCF）のプロジェクトの1つです。オープンソースプロジェクトであり、オブザーバビリティのバックエンド（オープンソースのツールや商用ベンダのサービスなど）にテレメトリデータ（メトリクス・ログ・トレース）を収集・変換・送信するための、標準化されたAPIやSDK、ツールセットの提供を目標にしています。

AWS Distro for OpenTelemetry（ADOT）はOpenTelemetryのディストリビューションです[注38]。AWSによってセキュリティやパフォーマンスの観点からテストされており、本番環境に対応したディストリビューションとして利用できます。ユーザーは一度、ADOTを利用してアプリケーションに計測のためのコードを追加するだけで、複数のバックエンドにテレメトリデータを送信できます。後からバックエンドを変更する場合でも、アプリケーションコードを変更する必要はありません。

アプリケーションからバックエンドまでのテレメトリデータの流れを、ADOTを用いて説明すると図8.50のようになります。ADOT SDKなど、計測のためのコードが追加されたアプリケーションからADOT Collectorに対してテレメトリデータが送信されます。ADOT Collectorでは、「どのようにCollectorへデータを集めるか」「受信したデータをどう処理するか」「受信したデータをどこに送信するか」といったデータの流れを設定します。

図8.50 ADOTを利用したテレメトリデータの流れ

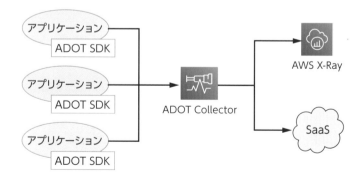

注37）https://opentelemetry.io/
注38）https://aws-otel.github.io/docs/introduction

第1章

第2章

第3章

第4章

第5章

第6章

第7章

第8章

AWSでは、ワークロードでADOTを容易に利用するためのさまざまな機能を提供しています。たとえば、Amazon ECSではマネジメントコンソールを利用してタスク定義を作成する際に、ADOTの設定が数クリックで完了するように操作が簡素化されています。また、AWS LambdaではAWSマネージドなADOT Lambdaレイヤーを提供しており、AWS Lambda関数にADOT Lambdaレイヤーを追加するだけでADOTを利用できます。

なお、OpenTelemetryおよびADOTはオブザーバビリティのバックエンドではないため、収集したテレメトリデータの解析や表示といった機能は提供していません。そのため、バックエンドとして利用するサービスやツールについては検討する必要があります。

また、すでにテレメトリデータをバックエンドに収集するしくみが構築できているアプリケーションに対しては、無理にOpenTelemetryやADOTを導入する必要はありません。新規に構築するアプリケーションについては、OpenTelemetryやADOTを利用することで、APIの標準化やバックエンド設定の柔軟性といったメリットを享受できます。

8.12.3 | サービスメッシュとの連携

先ほど、アプリケーションにAWS X-Ray SDKやADOT SDKを組み込み、いくつかのコードを追加する必要があると紹介したとおり、トレースデータを取り扱うためにはアプリケーションの変更が必要です[注39]。それぞれのアプリケーションの変更はそれほど大きくありませんが、マイクロサービスを構成するサービスの数が多くなれば、とくに初期導入やSDKのアップデートなどが運用の負担となることも考えられます。「8.10 サービスメッシュ：大規模サービス間通信の管理」で紹介した共通ライブラリの課題にも関連しています。

サービスメッシュを利用している場合、ツールやサービスによってはサービスメッシュ側でトレースデータを生成できます。たとえば、IstioやAWS App Meshは分散トレーシングの有効化をサポートしています。サービスメッシュ側の分散トレーシングを有効化することで、アプリケーションの変更が不要となります。一方で、トレースデータに任意のメタデータを追加するなど、柔軟なカスタマイズができない場合もあるため、サービスメッシュとアプリケーションのどちらでトレースデータを生成するのかは検討が必要です。

Sample Book Storeでは、「8.10 サービスメッシュ：大規模サービス間通信の

注39) AWS Lambdaのように、AWS X-Rayと統合しているサービスもあります。https://docs.aws.amazon.com/ja_jp/xray/latest/devguide/xray-services-lambda.html]

管理」で紹介したように、AWS App Meshを利用してサービスメッシュを構築しています。前述のようにAWS App MeshはAWS X-Rayとの連携ができますが、執筆時点ではAWS App Meshのメッシュに含まれない外部のサービスやTCPで待ち受ける仮想ノードへのリクエストなど、一部の通信についてはトレースデータを生成できません。完全なトレースデータを生成するためには、アプリケーション側にAWS X-Ray SDKやADOT SDKを組み込む必要があります。そこで本シナリオではAWS App MeshのAWS X-Ray連携ではなく、アプリケーション側にADOT SDKを組み込んでトレースデータを生成しています。

なお、本節の冒頭で仮定した「夜間にアプリケーションのレスポンスが遅くなる」というユーザーからのフィードバックについては、トレースデータを解析したところ、「ポイントサービス」からポイント情報を取得する処理の応答時間が悪化していることが判明しました。そこで、さらに「ポイントサービス」の状況をメトリクスやログから掘り下げたところ、「ポイントサービス」で実行されている夜間バッチの影響によりデータベースに対するクエリ実行の応答時間が悪化していることがわかりました。このように、複数のサービスをまたいで処理が実行されている状況において、トレースデータを活用することでそれぞれのサービスの処理状況を把握することが容易になります。

8.13 まとめ

本章では、AWSにおけるモダンアプリケーションパターンの実践として、11種類のパターンを紹介しました。ほかにも多くのパターンが存在しますが、重要なのはアプリケーションやアーキテクチャを設計するときに何かの課題に直面した場合、パターンの適用が解決策の1つになるということです。

また、Sample Book Storeが数年間で改善を続けた最新のアーキテクチャ図を図8.51に再掲します。モダンアプリケーションのベストプラクティスに沿ってサービスを分割し、それぞれのサービスに適材適所なテクノロジーを採用し、パターンを適用しました。アーキテクチャ図としては複雑に見えますが、それぞれのサービスは独立して、開発運用がしやすくなっています。読者のみなさんは、この最終的なアーキテクチャ図をどのように評価しますか。

図8.51 Sample Book Storeのアーキテクチャ（第8章まで）

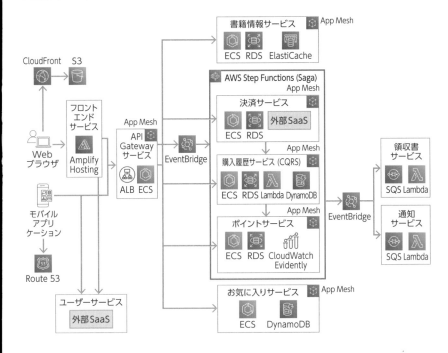

第1章

第2章

第3章

第4章

第5章

第6章

第7章

第8章

おわりに

　本書を最後までお読みいただき、ありがとうございました。本書では「モダンアプリケーション」をテーマに、それぞれのAWSサービスの操作方法ではなく、モダンアプリケーション化を検討するための「考え方」を中心に伝えることを意識して執筆しました。モダンアプリケーションに興味を持っていただけたでしょうか。どんなに些細なことでも構いません。モダンアプリケーション化の第一歩を踏み出せそうでしょうか。

　モダンアプリケーションに限らず、アーキテクチャを設計するのはとても難しいことです。決まった答えが「1つ」あるわけではありませんし、市場やアプリケーションの規模、または企業の技術戦略によっても選択肢は変わります。メリットとコストのトレードオフに悩まされることもあるでしょう。だからこそ、変化に迅速に対応できることが重要になります。そして、適用可能な箇所から小さく始めることも重要です。

　本書ではSample Companyが運営する電子書籍サービスSample Book Storeという架空のシナリオを使いました。具体的な課題を意識しながら一歩一歩改善できることを伝えたかったからです。なお、本書で紹介したテクノロジーやパターンなどを、必ずしもすべて採用するべき、という意味ではありません。要件を理解し、課題を理解し、それらのテクノロジーやパターンが解決策となり得そうなときに採用するべきです。なんとなく流行っているから、という理由で採用するのではなく、明確に理由を持つことが重要です。もちろん、ソフトウェアエンジニアとしては「なんとなく流行っているものを学んでみる」というモチベーションは重要ですよね。

　そして、本書では「アクティビティ」という「読者のみなさんだったらどう考えますか」という考えながら読めるしかけを各章に散りばめています。アーキテクチャを設計するときに、アクティビティをテーマにして、チームでディスカッションをしてみるのも良いでしょう。またほかにもディスカッションが白熱したアクティビティがありましたら、ぜひ筆者陣に教えてください。

　本書をきっかけにより学びたいと思ったときに使える学習リソースを紹介します。

- **AWS Skill Builder**

  500を超えるデジタルコースを無料で受講できます。モダンアプリケーションに限らず、AWSについて幅広く学べます。

  URL https://explore.skillbuilder.aws/

- **JP Contents Hub**

  サーバーレスやコンテナに関するAWSサービスについて、実際に手を動かすことで理解を深めたいという方向けに日本語ハンズオンやワークショップを一覧化して掲載しています。

  URL https://aws-samples.github.io/jp-contents-hub/

- **モダンアプリケーションリソース**

  モダンアプリケーションに関連するホワイトペーパーや動画などの各種リソースがまとまっています。

  URL https://aws.amazon.com/modern-apps/resources/

- **AWS Events Content**

  AWS re:InventやAWS Summitの資料や動画などがまとまっています。モダンアプリケーションに限らず、AWSについてより深く学べます。

  URL https://aws.amazon.com/events/events-content/

- **AWS Prescriptive Guidance**

  クラウド移行やモダナイゼーションを加速するのに役立つ戦略やガイド、パターンがまとまっています。モダンアプリケーションに関連するサーバーレスやコンテナ、クラウドネイティブなどもより深く学べます。

  URL https://aws.amazon.com/prescriptive-guidance/

- Effective DevOps

  DevOpsの、とくに文化面に着目して書かれた一冊です。

  `URL` https://www.oreilly.co.jp/books/9784873118352/

- Building Microservices, 2nd Edition

  マイクロサービスの特徴、長所や短所、課題といった幅広い観点でマイクロサービスが説明されています。

  `URL` https://www.oreilly.com/library/view/building-microservices-2nd/97814
  92034018/

  （2022年12月 追記）当該書籍の日本語訳「マイクロサービスアーキテクチャ 第2版」も出版されています。

  `URL` https://www.oreilly.co.jp/books/9784814400010/

- モノリスからマイクロサービスへ

  モノリシックなアプリケーションからマイクロサービスへと移行するための具体的な方法が説明されています。

  `URL` https://www.oreilly.co.jp/books/9784873119311/

　最後となりますが、本書を手に取っていただき、ありがとうございました。本書の内容が、読者のみなさんの「モダンアプリケーション」において、お役に立てますと幸いです。

A

ALB 125, 154
Amazon CloudFront 122
Amazon CloudWatch 44
Amazon CloudWatch Evidently
.... 178
Amazon DynamoDB 110
Amazon DynamoDB Streams .. 146
Amazon ECR 93
Amazon ECS 54, 93, 158
Amazon EKS 54
Amazon ElastiCache 105
Amazon EventBridge
.... 63, 131, 147
Amazon RDS for MySQL 105
Amazon S3 .... 58, 122
Amazon SNS 132
Amazon SQS 57, 58, 129
API Gateway 124
AWS Amplify Hosting 123
AWS App Mesh 163
AWS Application Auto Scaling
.... 66
AWS Cloud Map 156
AWS CloudFormation 84
AWS CodeBuild 95
AWS CodePipeline 96
AWS Distro for OpenTelemetry
.... 184
AWS Fargate 55
AWS Lambda 54
AWS SAM 85
AWS SAM CLI 87
AWS Step Functions 136
AWS Systems Manager
Parameter Store 29
AWS X-Ray 182

B

Backends for Frontends 125
Beyond the Twelve-Factor App
.... 21
Blue/Green デプロイ 81

C

CI/CD パイプライン 75
CQRS 142

D

DevOps 42

E

Elastic Load Balancing 66
Envoy 163

F

FIFO 130

G

GitHub Actions 87

K

Kubernetes 68

M

Monorepo 24
MVP 3, 13

O

OpenTelemetry 184

P

Purpose-built database 104

R

RED メソッド 43

S

Saga (オーケストレーション) ... 136
Saga (コレオグラフィ) 135
Sample Book Store 12
Sample Company 12

T

TCO 5
The Twelve-Factor App 20, 21
Trivy 99
TTL 103, 108

U

USE メソッド 43

あ

イノベーションフライホイール ... 2
イベントソーシング 145

運用データ 41
オブザーバビリティ 45

か

環境変数 28
グローバルセカンダリインデックス
.... 111
継続的インテグレーション ... 72
継続的デリバリー 72
コンテナ 53
コンテナオーケストレーター ... 54

さ

サーキットブレーカー 149, 165
サーバーレス 50
サーバーレステクノロジー ... 6
サービスディスカバリ 155, 164
サービスメッシュ 162
システムデータ 42
シングルページアプリケーション
.... 122

た

トランクベース開発 169
トレースデータ 45, 181

は

バージョン管理システム 22
バッファリング 130
ビジネスデータ 39
フィーチャーフラグ 173
フィーチャーブランチ ... 72, 167
プルリクエスト 72

ま

マイクロサービス 8
モジュラーアーキテクチャ ... 8
モジュラーモノリス 8
モダンアプリケーション 2, 4
モダンアプリケーションパターン
.... 116
モノリシックアーキテクチャ ... 7

ら

ローカルセカンダリインデックス
.... 111
ローリングデプロイ 80

著者プロフィール

落水恭介 (おちみずきょうすけ)

Web企業における開発や運用の経験を経て、2018年にAWSに入社。現在はソリューションアーキテクトとして活動中。主にAmazon ECSやAmazon EKSを中心とした、コンテナ関連の課題解決を支援している。

吉田慶章 (よしだよしあき)

ウェブエンジニア／プログラミング講師などの経験からAWSテクニカルトレーナーに。教えることを本職とし、効果的な学習メソッドを考え続けている。教えることは最高の学習である。Keep on Learning.

■ **本書サポートページ**

https://gihyo.jp/book/2023/978-4-297-13326-9

本書記載の情報の修正／訂正については、当該Webページで行います。

■ カバーデザイン　　小口翔平＋後藤司(tobufune)
■ 本文デザイン　　　BUCH⁺、株式会社マップス
■ DTP　　　　　　　株式会社マップス
■ 担当　　　　　　　小竹香里

ＡＷＳで実現する モダンアプリケーション入門
～サーバーレス、コンテナ、マイクロサービスで 何ができるのか

2023年 2月 3日　初版　第1刷発行
2024年11月13日　初版　第4刷発行

著　者　落水恭介、吉田慶章
発行者　片岡 巌
発行所　株式会社技術評論社
　　　　東京都新宿区市谷左内町21-13
　　　　電話　03-3513-6150　販売促進部
　　　　　　　03-3513-6177　第5編集部
印刷・製本　日経印刷株式会社

定価はカバーに表示してあります。

本書の一部または全部を著作権法の定める範囲を越え、無断で複写、複製、転載、あるいはファイルに落とすことを禁じます。

本書に記載の商品名などは、一般に各メーカーの登録商標または商標です。

造本には細心の注意を払っておりますが、万一、乱丁（ページの乱れ）や落丁（ページの抜け）がございましたら、小社販売促進部までお送りください。送料小社負担にてお取り替えいたします。

■ **お問い合わせについて**

本書に関するご質問については、記載内容についてのみとさせて頂きます。本書の内容以外のご質問には一切お答えできませんので、あらかじめご承知おきください。また、お電話でのご質問は受け付けておりませんので、書面またはFAX、弊社Webサイトのお問い合わせフォームをご利用ください。

なお、ご質問の際には、「書籍名」と「該当ページ番号」、「お客様のパソコンなどの動作環境」、「お名前とご連絡先」を明記してください。

〒162-0846
東京都新宿区市谷左内町21-13
株式会社技術評論社
『AWSで実現するモダンアプリケーション入門
～サーバーレス、コンテナ、マイクロサービスで
何ができるのか』係
FAX：03-3513-6173
URL：https://book.gihyo.jp

お送りいただきましたご質問には、できる限り迅速にお答えをするよう努力しておりますが、ご質問の内容によってはお答えするまでに、お時間をいただくこともございます。回答の期日をご指定いただいても、ご希望にお応えできかねる場合もありますので、あらかじめご了承ください。

ご質問の際に記載いただいた個人情報は質問の回答以外の目的には使用いたしません。また、質問の返答後は速やかに破棄させていただきます。